职业教育专科、本科计算机类专业新形态一体化教材

Linux 操作系统基础
（openEuler 版）

郑俊海 主 编

郑林芳 孟 威 副主编

廖伟华 杜宜同 毛 颖 伍锦霞 参 编

电子工业出版社
Publishing House of Electronics Industry
北京·BEIJING

内 容 简 介

本书以华为 openEuler 操作系统为主体，分 7 个项目对其进行介绍。项目一为安装与配置 Linux 操作系统，主要介绍 Linux 操作系统的基本概念、发展历史、基本功能，以及如何下载 openEuler 操作系统镜像，并通过虚拟机等工具对其进行安装。项目二为管理目录和文件，主要介绍 openEuler 操作系统中的目录管理和文件管理，包括创建、删除、移动、复制等基本操作。项目三为管理用户、组和权限，主要介绍用户和组管理（包括用户和组的创建、删除、修改密码等操作），以及权限管理（包括文件权限、组权限等）。项目四为管理软件包与系统服务，主要介绍 openEuler 操作系统中软件包的安装、卸载、更新等操作，以及服务的启动、停止、重启等配置方法。项目五为管理磁盘与文件系统，主要介绍磁盘管理（包括磁盘的分区、格式化、挂载等操作），以及文件系统的管理和维护。项目六为管理网络配置与 SSH 服务，主要介绍 openEuler 操作系统中的网络配置（包括 IP 地址的设置、网关和 DNS 的配置等），以及 SSH 服务的安装、配置和使用方法。项目七为 Shell 编程应用，主要介绍 Shell 编程的基础知识（包括 Shell 脚本的编写、执行和调试等），以及 Shell 脚本在 Linux 系统管理中的应用。

未经许可，不得以任何方式复制或抄袭本书之部分或全部内容。
版权所有，侵权必究。

图书在版编目（CIP）数据

Linux 操作系统基础：openEuler 版 / 郑俊海主编.
北京：电子工业出版社，2025. 6. -- ISBN 978-7-121-50305-4

Ⅰ. TP316.85

中国国家版本馆 CIP 数据核字第 2025NR2814 号

责任编辑：李　静
印　　刷：涿州市京南印刷厂
装　　订：涿州市京南印刷厂
出版发行：电子工业出版社
　　　　　北京市海淀区万寿路 173 信箱　　邮编：100036
开　　本：787×1092　1/16　印张：13　字数：292 千字
版　　次：2025 年 6 月第 1 版
印　　次：2025 年 6 月第 1 次印刷
定　　价：43.80 元

凡所购买电子工业出版社图书有缺损问题，请向购买书店调换。若书店售缺，请与本社发行部联系，联系及邮购电话：（010）88254888，88258888。
质量投诉请发邮件至 zlts@phei.com.cn，盗版侵权举报请发邮件至 dbqq@phei.com.cn。
本书咨询联系方式：（010）88254604，lijing@phei.com.cn。

前　言

党的二十大报告中指出，推动战略性新兴产业融合集群发展，构建新一代信息技术、人工智能、生物技术、新能源、新材料、高端装备、绿色环保等一批新的增长引擎。

为贯彻落实党的二十大精神，以培养高素质技能人才助推产业和技术发展，建设现代化产业体系，编者依据新一代信息技术领域的岗位需求和院校专业人才目标编写了本书。

在数字经济与智能化技术深度重构产业格局的今天，操作系统作为数字基础设施的核心组件，已成为支撑人工智能、云计算、边缘计算等新兴技术的基石。

Linux 是一款自由、免费的操作系统，自 20 世纪 90 年代问世以来，经历了数十年的发展，如今已极具影响力。openEuler 作为一款基于 Linux 内核的开源操作系统，自 2019 年由华为公司开源并捐赠给开放原子开源基金会以来，以安全、稳定、高效的特性，赢得了业界广泛的关注与认可。作为一款国产化、面向全球的开源操作系统，openEuler 正以迅猛之势崛起，在操作系统领域占据着日益关键的地位，并为各行业的数字化转型注入了强劲动力。它不仅支持多种处理器架构（如鲲鹏、ARM、x86 等），还被广泛应用于服务器、云计算、边缘计算、嵌入式计算等多个领域，为数字基础设施的构建提供了坚实的基础。

学习 openEuler 操作系统，除了可以帮助我们掌握这种工具，更是顺应时代发展潮流的明智之举。在行业层面，越来越多的企业和机构选择 openEuler 作为核心操作系统，且对掌握该系统使用方法的专业人才的需求与日俱增。熟练掌握 openEuler 操作系统使用方法的人，在就业市场上拥有更强的竞争力，能够为推动各行业的数字化进程贡献自己的力量。在个人提升层面，openEuler 操作系统蕴含的先进技术理念和开源生态思维，能够极大地拓宽学习者的技术视野，培养其创新能力和问题解决能力。

本书以华为 openEuler 操作系统为主体，共分为 7 个项目，全面、系统、实用地介绍了 Linux 操作系统的基础和管理知识。此外，书中巧妙地融入了思政元素，旨在培养读者的职业道德和社会责任感。通过将思政教育与专业技能学习相结合，本书不仅可以提升读者的专业技能水平，还可以增强他们的综合素质。

本书具有如下特色。

一、校企联合开发

本书由高校教师和企业工程师联合开发，书中内容对接职业标准和岗位需求，以企业"真实工程项目"为素材进行项目设计及实施，同时将教学内容与华为资格认证相融合，帮助读者在学习过程中了解行业需求,并为其职业发展奠定坚实基础。

二、项目任务驱动

本书以岗位技能为导向,将理论和实践相结合,按照"项目驱动、任务导向"的方式编写,使读者明确知识的学习目标和应用场景,并在完成项目的过程中掌握对应的知识和技能。

三、课程思政元素融入

本书巧妙地融入综合素质教育元素及思政元素,可激发读者的使命担当与爱国情怀,实现知识传授与价值引领的有机统一。

本书既可作为高校计算机相关专业的教学用书,也可作为广大计算机爱好者自学 Linux 操作系统的辅导书,还可作为网络管理员的参考书。若作为教学用书,建议采用 64 学时制,各项目的教学参考学时如表 1 所示。

表 1 教学参考学时

项目号	课程内容	学时分配	
		讲授	实训
项目一	安装与配置 Linux 操作系统	2	2
项目二	管理目录和文件	4	4
项目三	管理用户、组和权限	6	6
项目四	管理软件包与系统服务	4	4
项目五	管理磁盘与文件系统	4	4
项目六	管理网络配置与 SSH 服务	6	6
项目七	Shell 编程应用	6	6
学时总计		32	32

本书由广东财贸职业学院数字技术学院教师团队编写,由云计算教研室主任郑俊海担任主编,由郑林芳、孟威担任副主编,参编人员有廖伟华、杜宜同、毛颖、伍锦霞。此外,在编写过程中,编者得到了联想教育科技(北京)有限公司相关技术人员的大力支持,他们提供了相关案例。

由于编者水平有限,因此书中难免存在疏漏及不足之处,希望广大专家和读者给予批评指正。

教材资源服务交流 QQ 群
(QQ 群号:684198104)

目 录

项目一 安装与配置 Linux 操作系统 ... 1

1.1 Linux 操作系统概述 ... 3
1.1.1 操作系统简介 ... 3
1.1.2 Linux 操作系统简介 ... 3

1.2 openEuler 操作系统概述 ... 5
1.2.1 openEuler 操作系统简介 ... 5
1.2.2 安装 openEuler 操作系统的要求 ... 6
1.2.3 认识 openEuler 操作系统的基础命令 ... 7

自学自测 ... 10
任务 1.1 认识 Linux 操作系统 ... 10
任务 1.2 安装与配置 openEuler 操作系统 ... 11

项目二 管理目录和文件 ... 23

2.1 认识文件和目录 ... 24
2.1.1 openEuler 操作系统的文件命名 ... 24
2.1.2 openEuler 操作系统的文件类型 ... 25
2.1.3 openEuler 操作系统的目录结构 ... 26

2.2 目录的基本操作 ... 27
2.2.1 显示、更改工作目录——pwd、cd 命令 ... 27
2.2.2 列出目录内容——ls 命令 ... 28
2.2.3 创建目录——mkdir 命令 ... 29
2.2.4 移动或重命名目录——mv 命令 ... 30
2.2.5 删除目录——rmdir 命令 ... 30
2.2.6 删除目录或文件——rm 命令 ... 31

2.3 文件的基本操作 ... 31
2.3.1 创建空文件——touch 命令 ... 31
2.3.2 复制文件或目录——cp 命令 ... 32
2.3.3 显示文本 ... 33

2.4 vim 编辑器的应用 ... 36

自学自测 ... 40

任务 2.1　管理目录 ... 40

任务 2.2　管理文件 ... 41

任务 2.3　应用 vim 编辑器 ... 42

项目三　管理用户、组和权限 ... 45

3.1　用户的基础知识 ... 46

3.1.1　用户基础 ... 47

3.1.2　用户管理 ... 50

3.2　组的基础知识 ... 54

3.2.1　组基础 ... 55

3.2.2　组管理 ... 57

3.3　权限的基础知识 ... 60

3.3.1　权限基础 ... 60

3.3.2　权限管理 ... 62

自学自测 ... 66

任务 3.1　管理用户和组 ... 67

任务 3.2　管理权限 ... 69

项目四　管理软件包与系统服务 ... 73

4.1　软件包管理的基础知识 ... 75

4.1.1　认识 RPM 软件包 ... 75

4.1.2　rpm 命令的应用 ... 76

4.2　YUM/DNF 的基础知识 ... 77

4.2.1　认识 YUM/DNF 工具 ... 77

4.2.2　认识本地软件仓库 ... 78

4.2.3　配置本地软件仓库 ... 78

4.2.4　使用 dnf 命令管理软件包 ... 78

4.3　进程的基础知识 ... 79

4.3.1　进程的概念 ... 80

4.3.2　进程号 ... 80

4.3.3　进程相关命令 ... 80

4.4　系统服务的基础知识 ... 83

4.4.1　系统服务简介 ... 83

4.4.2　系统服务管理工具 ... 83

自学自测 84
任务 4.1　管理软件包 84
任务 4.2　管理系统服务 86

项目五　管理磁盘与文件系统 89

5.1　文件系统的基础知识 91
5.1.1　文件系统概述 91
5.1.2　openEuler 文件系统 92
5.1.3　系统交换空间 92
5.2　磁盘管理的基础知识 93
5.2.1　磁盘概述 93
5.2.2　磁盘分区 94
5.2.3　磁盘格式化 107
5.2.4　磁盘挂载/卸载 108
5.3　逻辑卷管理的基础知识 113
5.3.1　逻辑卷概述 113
5.3.2　管理逻辑卷 115
5.3.3　动态调整逻辑卷 120
自学自测 123
任务 5.1　使用 fdisk 命令进行硬盘分区 124
任务 5.2　使用 parted 命令进行硬盘分区 136
任务 5.3　配置及管理逻辑卷 140

项目六　管理网络配置与 SSH 服务 157

6.1　网络配置的基础知识 158
6.1.1　认识 VMware 的网络工作模式 159
6.1.2　常用的网络命令 162
6.1.3　使用 nmtui 命令配置网络 162
6.1.4　使用脚本文件配置网络 163
6.1.5　使用 nmcli 命令配置网络 164
6.2　SSH 服务的基础知识 166
6.2.1　SSH 服务概述 167
6.2.2　基于口令远程登录 openEuler 主机 167
6.2.3　基于密钥远程连接 openEuler 主机（免密登录） 168
自学自测 169

任务 6.1　管理网络配置 170
任务 6.2　管理 SSH 服务 172

项目七　Shell 编程应用 176

7.1　重定向命令和管道命令的基础知识 178
7.1.1　重定向命令概述 178
7.1.2　管道命令概述 179

7.2　Shell 编程的基础知识 180
7.2.1　Shell 简介 180
7.2.2　Shell 脚本 181
7.2.3　Shell 变量 182
7.2.4　用户输入命令 184
7.2.5　条件测试 184
7.2.6　流程控制语句 187

自学自测 192
任务 7.1　重定向命令和管道命令的应用 193
任务 7.2　Shell 编程的应用 194

项目一　安装与配置 Linux 操作系统

项目需求

某高校计划组建校园网,需要部署具有 Web、FTP、DNS、DHCP、Samba、VPN 等功能的服务器来为校园网用户提供服务,现需要选择一种既安全又易于管理的网络操作系统,以正确搭建服务器并使其通过测试。

Linux 操作系统凭借其开源、稳定的性能而受到越来越多用户的欢迎,本项目的核心内容是 openEuler 操作系统的安装、配置与使用。

项目目标

1. 思政目标

(1) 通过介绍国产 openEuler 操作系统的技术生态及对比国际主流操作系统的发展历程,强化学生对科技自立自强的认知,激发其"把关键核心技术掌握在自己手中"的使命感,为其树立民族自信与创新意识。

(2) 结合精细化的安装流程,引导学生以精益求精的态度对待技术细节,培养其严谨细致的工匠精神。

(3) 通过分组完成环境部署,引导学生在角色分工中理解个人技术能力与团队协同效能的辩证关系,提升其沟通协调能力,为其树立"全局一盘棋"的集体主义观念。

2. 知识目标

(1) 了解 Linux 操作系统的主要功能。
(2) 了解 Linux 操作系统的发展。
(3) 理解 Linux 操作系统的特点。
(4) 理解 Linux 操作系统的应用场景。
(5) 理解 openEuler 操作系统的应用场景。

3. 能力目标

（1）掌握 openEuler 操作系统的下载。

（2）掌握 openEuler 操作系统的安装与配置。

思维导图

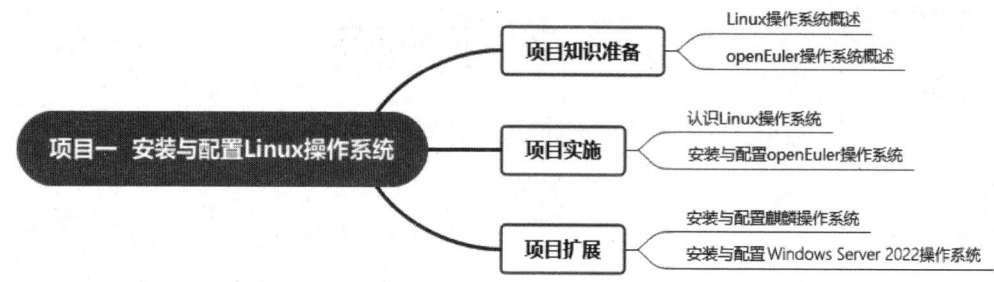

课前自学——项目知识准备

思政案例

天下兴亡 匹夫有责

随着 5G、互联网等数字化产业的大力发展，许多数字化发展机遇应运而生。操作系统作为数字基础设施的底座，已经成为推动产业数字化、智能化发展的核心力量。我国在信息产业高速发展的同时，一些关键技术领域仍面临着"卡脖子"的现状。

我们知道，Windows 操作系统的高普及率带动了我国信息技术的发展，使人们的出行、沟通变得更加方便。但是，这些便利的背后也埋藏着可怕的信息"炸弹"。这颗"炸弹"的覆盖程度是前所未有的，世界局势一旦发生变化，爆发信息战争对我国的打击将是令人难以想象的。试想，系统被入侵后，工厂设备突然瘫痪，导致厂内生产中断；供电设施停机，造成大面积停电，影响地面的所有通信设施；医院挂号排队、缴费终端瘫痪，导致病人无法得到及时的救治，等等。这些信息攻击案例在国外其实已经发生过，并在某种程度上造成了社会恐慌。所以，在信息系统领域，我们急需解决操作系统的依赖性问题，大力发展国产操作系统。

信息技术应用创新不仅是各行各业实现数字化转型的关键抓手，也已成为我国强化网络安全与信息安全的重要手段，是科技自立自强的核心基座。操作系统作为软件应用和硬件终端的"关键纽带"，是使数字经济高质量发展及实现数字关键核心技术自主创新的重要基石。发展自主可控的国产操作系统是打造信息安全壁垒的基础，也是国家信息安全发展的必经之路。

1.1　Linux 操作系统概述

认识 Linux
操作系统

1.1.1　操作系统简介

操作系统（Operating System，OS）是一类内置于计算机硬件中的软件，其主要作用是通过协作计算机的硬件组件，为用户提供与计算机进行交互的方式。操作系统充当着计算机系统中资源的管理者，负责分配和协调硬件资源，如处理器、内存、硬盘及输入/输出设备等，以使不同的应用程序在这些资源上高效地运行。

操作系统的主要功能如下。

（1）存储管理：负责对内存进行合理分配、有效保护和扩充等。

（2）作业管理：负责提供一个友好的环境，高效地处理用户提交的作业请求，并根据系统资源的使用情况进行作业调度，使得多个作业能够在多个用户之间合理地分配和运行等。

（3）文件管理：负责管理计算机中的文件系统，可进行文件的创建、读取、写入、删除和保护等。

（4）设备管理：通过设备管理程序控制和管理计算机的各种输入/输出设备，如显示器、键盘、鼠标、打印机等。

（5）进程管理：负责管理计算机中的进程（或任务），可进行进程的创建、调度、切换和终止等。

想一想：你认识的操作系统有哪些？

1.1.2　Linux 操作系统简介

1. Linux 操作系统的起源和发展

Linux 是一种可免费使用、自由传播的类 UNIX 操作系统，是一个基于 POSIX 的多用户、多任务、支持多线程和多 CPU 的操作系统，支持 32 位和 64 位硬件。Linux 操作系统继承了 UNIX 操作系统以网络为核心的设计思想，是一个性能稳定的多用户网络操作系统。

Linux 操作系统内核的创始人是林纳斯·托瓦兹（Linus Torvalds）。他是一名芬兰程序员，1991 年就读于赫尔辛基大学期间开始开发 Linux 操作系统内核。其开发的灵感来源于 Minix 操作系统与 UNIX 的设计思想，旨在为个人计算机提供自由、开源的操作系统内核。

2001 年 1 月，Linux 2.4 版本发布，其进一步提升了 SMP 系统的扩展性，同时集成了很多用于支持桌面系统的特性，如 USB、PCMCIA（简称 PC 卡）的支持，以及内置的即插即用等功能。

2003 年 12 月，Linux 2.6 版内核发布，相对于 2.4 版内核，其在对系统的支持方面发生了很大的变化。

Linux 操作系统是使用 UNIX 内核设计的，所以它支持 UNIX 操作系统的所有特性，如多用户、多任务和文件系统。与 Windows 操作系统不同，Linux 是一种通用操作系统，它并不针对某一类特定设备而设计。

2. Linux 操作系统的版本

Linux 操作系统有许多不同的发行版，常见的有 Ubuntu、Debian、Fedora、CentOS、openSUSE、Red Hat Enterprise Linux，每个发行版有着不同的特点和适用场景。下面对一些常见的 Linux 发行版及其之间的区别进行介绍。

（1）Ubuntu：Ubuntu 是十分受欢迎且被广泛使用的 Linux 发行版，它注重易用性和用户友好性，并提供了简单的图形界面和易于安装的软件管理工具。Ubuntu 的长期支持（LTS）版本适用于服务器和企业级环境。它还有多个官方衍生版本，如 Kubuntu（使用 KDE 桌面环境）、Xubuntu（使用 XFCE 桌面环境）等。

（2）Debian：Debian 是一个稳定且具有广泛社区支持的发行版，它注重软件的稳定性和安全性，并采用了 APT（Advanced Package Tool）作为软件包管理工具。Debian 社区秉持自由和开源的原则，是许多其他发行版（如 Ubuntu、Linux Mint 等）的基础。

（3）Fedora：Fedora 是由红帽公司支持的一个社区驱动的发行版，它是具有较新软件和技术的先进发行版，注重引入最新的功能和特性。Fedora 采用 RPM 软件包管理系统，其开发重点在于为开发者提供创新平台和尝试新技术。

（4）CentOS：CentOS 是一个基于 Red Hat Enterprise Linux（RHEL）源代码的克隆版本，它提供与 RHEL 相同的功能和兼容性，并提供长期支持和安全更新。CentOS 主要面向需要稳定性和企业级支持的用户，适用于大型企业部署。

（5）openSUSE：openSUSE 是一个由社区驱动的发行版，它注重可用性和易用性，提供了 Leap 和 Tumbleweed 两个主要版本。Leap 版本是固定和稳定的，采用定期发布的固定软件包；Tumbleweed 版本是滚动发布的，这意味着用户可以持续获得最新的软件更新。

（6）Red Hat Enterprise Linux：红帽公司的核心产品是红帽企业版 Linux（Red Hat Enterprise Linux，RHEL）。RHEL 是一个经过测试和认证的商业版 Linux 操作系统，被广泛应用于企业级服务器环境。RHEL 具备稳定性、安全性和高性能，并且支持各种硬件和软件平台。它包括 Linux 内核、系统工具、库和应用程序等，可以满足企业用户的多种需求。

3. Linux 操作系统的特点

(1) 开源自由：Linux 操作系统是开源的，这意味着用户可以自由地查看、修改和分发 Linux 操作系统的源代码。这种开放性使得 Linux 操作系统可以适应不同的需求，并且能够由全球的开发者社区进行持续的改进和更新。用户不仅可以自由地定制和配置 Linux 操作系统，而且可以避免被供应商限制。

(2) 稳定性和可靠性：Linux 操作系统以其稳定性和可靠性闻名。相比于其他操作系统，Linux 操作系统在处理大量数据和并发请求时表现出色，并且可以长时间运行而不需要被重新启动。因此，Linux 成为服务器、网络设备和高性能计算等领域的首选操作系统。

(3) 安全性：Linux 操作系统具有较高的安全性，其开源的特性使得漏洞和安全问题可以被及时发现和修复。此外，Linux 操作系统提供了强大的访问控制和权限管理机制，可以有效杜绝潜在的安全威胁。

(4) 多样性和灵活性：Linux 操作系统支持多种硬件架构，可以运行在各种设备上，如个人计算机、服务器、移动设备和嵌入式系统等。此外，Linux 操作系统提供了多种图形界面和命令行工具，可以满足不同用户的需求和偏好。

(5) 丰富的应用生态系统：Linux 操作系统拥有丰富的应用生态系统，提供了大量的开源软件和工具。用户可以在该操作系统上轻松地获取和安装各种应用程序，如办公套件、开发工具、图形设计软件、数据库等。此外，Linux 操作系统还为开发者提供了丰富的开发工具和库，这大大促进了软件开发和创新。

(6) 成本效益：相比于商业操作系统，Linux 操作系统具有较低的成本。用户可以免费获取 Linux 操作系统，并且可以根据需要对其进行自由定制和配置。此外，Linux 操作系统凭借较低的硬件要求和资源消耗，使得用户能够在相对较低的成本下搭建高性能服务器和计算集群。

Linux 操作系统依托以上特点，成为许多企业、个人用户和开发者的首选操作系统。

1.2　openEuler 操作系统概述

1.2.1　openEuler 操作系统简介

openEuler（欧拉）是一款开源操作系统，其内核源于 Linux 操作系统，支持鲲鹏及其他多种处理器，能够充分释放计算芯片的潜能，是由全球开源贡献者构建的高效、稳定、安全的开源操作系统，适用于数据库、大数据、云计算、人工智能等应用场景。同时，openEuler 是一个面向全球的操作系统开源社区，旨在通过社区合作打造创新平台，构建支持多处理器架构的、统一和开放的操作系统,从而推动软硬件应用生态繁荣发展。

openEuler 操作系统的前身是运行在华为公司通用服务器上的操作系统 EulerOS。EulerOS 是一款基于 Linux 内核（目前是基于 Linux 5.10 版本的内核）的开源操作系统,支持 x86 和 ARM 等多种处理器架构,伴随着华为公司鲲鹏芯片的研发,EulerOS 操作系统理所当然地成为与鲲鹏芯片配套的软件基础设施。

查一查：除了 openEuler 操作系统,还有其他国产操作系统吗？

1.2.2 安装 openEuler 操作系统的要求

安装与配置
openEuler 操作系统

1. 硬件要求

架构：支持 ARM 的 64 位架构,支持 Intel 的 x86_64 位架构。
CPU：支持 Intel Xeon 处理器、支持华为鲲鹏 920 系列。
内存：至少 2GB。
硬盘：容量不小于 20GB。

2. 软件要求

操作系统：Windows 7 或 Windows 10 及以上版本。
虚拟机：VMware Workstation 15 及以上版本。
镜像：openEuler 22.03 LTS SP3。

3. openEuler 镜像下载

（1）打开 openEuler 官网,选择"下载"→"社区发行版"选项,如图 1-1 所示。

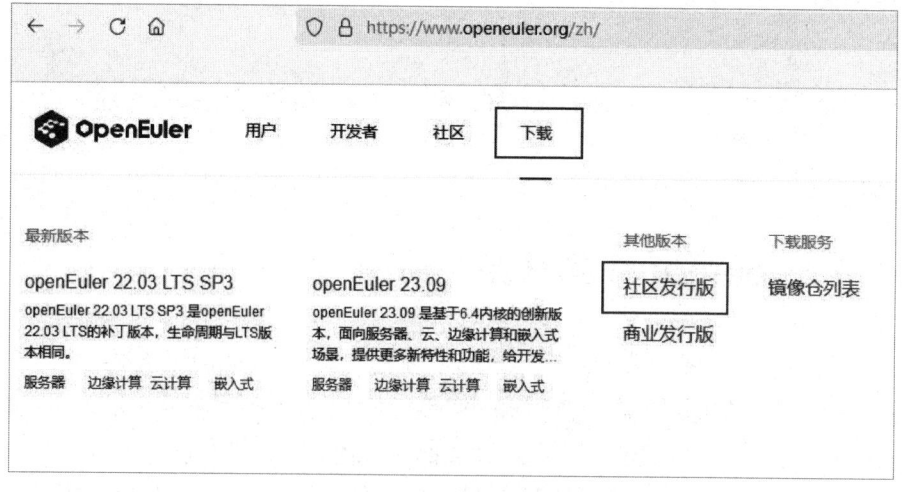

图 1-1　选择社区发行版

（2）选择版本为 openEuler 22.03 LTS SP3，如图 1-2 所示，单击"前往下载"链接，选择软件包类型为 Offline Standard ISO，单击"立即下载"按钮，如图 1-3 所示。

图 1-2　选择版本

图 1-3　选择软件包类型

1.2.3　认识 openEuler 操作系统的基础命令

OpenEuler 操作系统的基础命令

1. 认识 GUI 与 CLI

（1）GUI（Graphical User Interface，图形用户界面）是一个独立于系统的组件，提供了一整套图形界面下的程序，如浏览器、文件管理器、桌面应用程序和办公软件等，它们对于用户来说不仅直观，而且易于操作。然而，应用于服务器的 Linux 操作系统不会安装 GUI，这是因为 GUI 会占用一定的系统资源和带宽，从而影响服务器的性能。

（2）CLI（Command Line Interface，命令行界面）是一种与计算机交互的窗口，为用户执行各种命令和操作提供了方便。

2. 认识 bash shell

bash shell 是 Linux 操作系统默认的 Shell 程序，bash 类似于 Windows 操作系统中的命令提示符。bash 不仅支持交互操作，还可以进行批处理操作和程序设计。

当 root 用户登录 Linux 操作系统后，会显示 bash 的提示符，如图 1-4 所示。

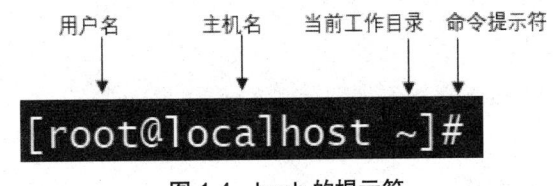

图 1-4　bash 的提示符

3. bash 命令

语法格式：命令 [选项] [参数]。

命令通常是表示相应功能的英文单词或单词的缩写，且区分大小写。命令中的选项和参数都是可选的，既可以不带任何选项和参数，也可以带有多个选项和参数。选项用于决定该命令如何工作，参数用于确定该命令作用的目标。

选项可以分为以下两种类型。

（1）短选项：由一个杠字符和一个英文字母构成，如-a。

（2）长选项：由两个杠字符和一个英文单词构成，如--help。

【例 1-1】使用 date 命令查看系统时间。

```
[root@localhost ~]# date
```

【例 1-2】使用 ls -a 命令查看当前目录内容，使用 ls --help 命令查看命令帮助。

```
[root@localhost ~]# ls -a


[root@localhost ~]# ls --help
```

4. 开机与关机命令

（1）命令名称：shutdown。

说明：用于在指定时间关闭系统。

语法格式：shutdown [选项] 时间 [警告信息]。

shutdown 命令的选项（时间）及说明如表 1-1 所示。

表 1-1　shutdown 命令的选项（时间）及说明

选项	说明	时间	说明
-r	系统关闭后重新启动	now	表示立即
-h	关闭系统	hh:mm	表示指定绝对时间,hh 表示小时,mm 表示分钟
		+m	表示 m 分钟以后

【例 1-3】使用 shutdown now 命令立即关闭系统。

```
[root@localhost ~]# shutdown now
```

（2）命令名称：halt。

说明：用于停止所有的 CPU 活动。

语法格式：halt。

（3）命令名称：poweroff。

说明：用于立即关闭电源。

语法格式：poweroff。

（4）命令名称：init 0。

说明：用于改变运行级别为 0，即关机。

语法格式：init 0。

（5）命令名称：reboot。

说明：用于重启系统。

语法格式：reboot。

【例 1-4】使用 reboot 命令立即重启系统。

[root@localhost ~]# reboot

5. 显示系统信息命令

（1）命令名称：date。

说明：用于显示系统当前的日期时间。

语法格式：date。

【例 1-5】显示系统当前的日期时间。

[root@localhost ~]# date

（2）命令名称：free。

说明：用于显示系统的内存信息。

语法格式：free [选项]。

【例 1-6】显示系统的内存信息。

[root@localhost ~]# free

6. 其他常用命令或快捷键

（1）命令名称：clear。

说明：用于清除终端屏幕内容。

语法格式：clear（或按 Ctrl+L 组合键）。

（2）命令名称：Tab。

说明：用于自动补全命令、文件名、目录名和命令选项。

语法格式：命令前面的部分字符+Tab 键。

（3）命令名称：Ctrl+C。

说明：用于中断当前正在运行的程序或命令。

语法格式：在程序或命令的运行过程中按 Ctrl+C 组合键。

（4）命令名称：Ctrl+Z（使用 fg 命令恢复到前台）。

说明：用于暂停当前正在运行的程序或命令，并将其放入后台。

语法格式：在程序或命令的运行过程中按 Ctrl+Z 组合键。

自学自测

一、选择题

1. 操作系统的主要功能不包含（　　）。
   A．文件管理　　　B．设备管理　　　C．知识管理　　　D．进程管理
2. Linux 操作系统支持多种硬件架构，可以运行在各种设备上，如个人计算机、服务器、移动设备和嵌入式系统等，这体现了它的（　　）特点。
   A．可靠性　　　　B．灵活性　　　　C．安全性　　　　D．多用户
3. 安装 openEuler 操作系统需要的硬盘容量最少是（　　）。
   A．30GB　　　　　B．50GB　　　　　C．20GB　　　　　D．10GB
4. 在下列选项中，（　　）不是常用的操作系统。
   A．Windows 7　　　　　　　　　　　B．UNIX
   C．Linux　　　　　　　　　　　　　D．Microsoft Office

二、填空题

1. 操作系统的主要功能有_____、存储管理、文件管理、作业管理和_____。
2. 面向需要稳定性和企业级支持的用户，适用于大型企业部署的 Linux 操作系统发行版是_____。

三、简答题

1. 操作系统的主要功能有哪些？
2. Linux 操作系统的特点有哪些？

课中实训

任务 1.1　认识 Linux 操作系统

1. 任务要求

通过学习 1.1 节（Linux 操作系统概述）和 1.2 节（openEuler 操作系统概述），理解操作系统的特点和各发行版的应用场景。

2. 任务实施

（1）完成表 1-2 中 Linux 操作系统各发行版的主要特点和应用场景的填写。

表 1-2　Linux 操作系统各发行版的主要特点和应用场景

序号	发行版	主要特点	应用场景
1	Ubuntu		
2	Debian		
3	CentOS		
4	Red Hat Enterprise Linux		
5	openEuler		

（2）通过互联网搜索，完成表 1-3 中国产操作系统的基本信息的填写。

表 1-3　国产操作系统的基本信息表

序号	国产操作系统名称	公司名称
1		
2		
…		

（3）使用互联网，下载表 1-4 中的相关软件，并填写其基本信息。

表 1-4　软件基本信息表

序号	软件名称	软件地址
1	VMware Workstation	
2	openEuler	
3	CentOS	
4	KylinOS	

任务 1.2　安装与配置 openEuler 操作系统

1. 任务要求

（1）学会使用 VMware Workstation 软件安装 openEuler 操作系统。

（2）学会配置 openEuler 操作系统。

2. 任务实施

(1) 打开 VMware Workstation 软件,在"主页"界面中单击"创建新的虚拟机"按钮,如图 1-5 所示。

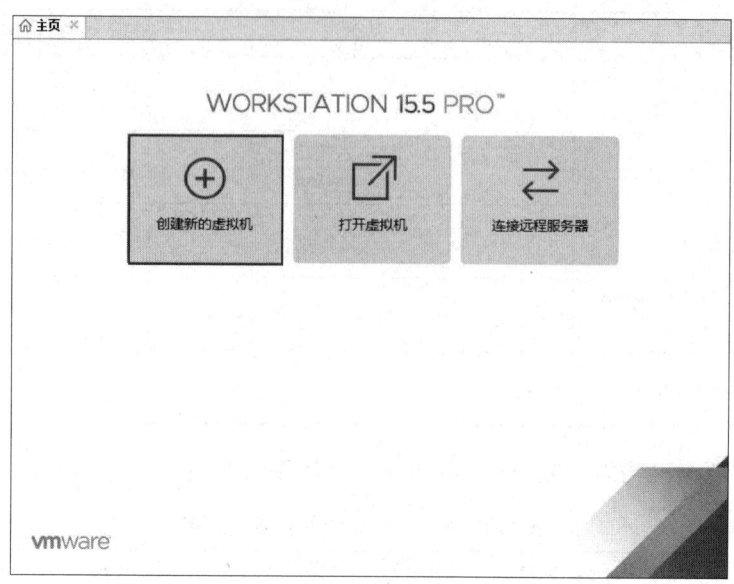

图 1-5　创建新的虚拟机

(2) 在弹出的"新建虚拟机向导"对话框中配置虚拟机,设置新建虚拟机配置类型为"典型(推荐)",单击"下一步"按钮,如图 1-6 所示。

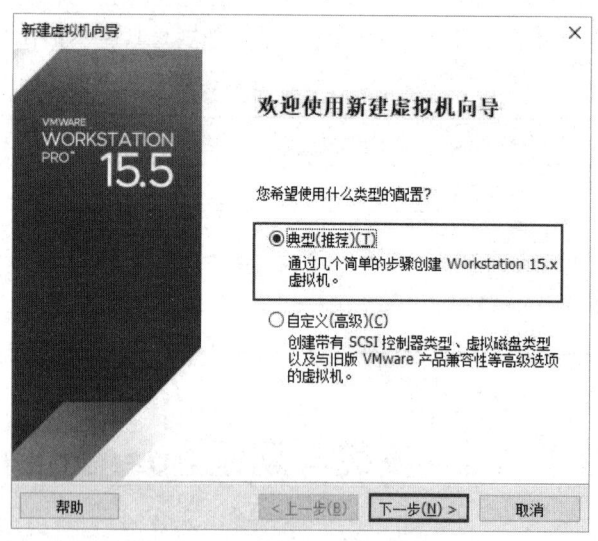

图 1-6　设置新建虚拟机配置类型

(3) 设置虚拟机操作系统安装方式为"稍后安装操作系统",单击"下一步"按钮,如图 1-7 所示。

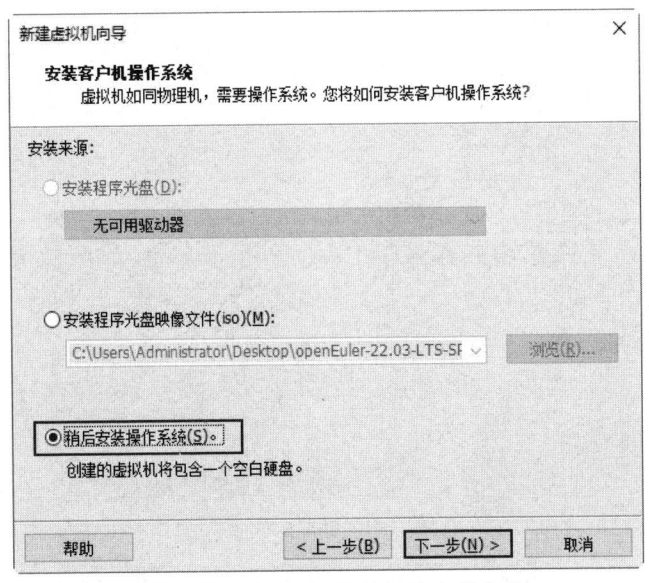

图 1-7　设置虚拟机操作系统安装方式

（4）设置虚拟机的操作系统类型为"Linux"，版本为"CentOS 7 64 位"（也可以选择其他 Linux 内核的 64 位版本），单击"下一步"按钮，如图 1-8 所示。

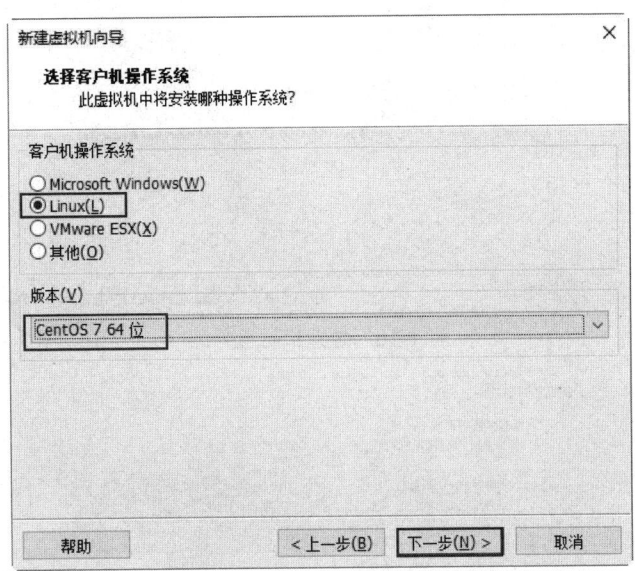

图 1-8　设置虚拟机的操作系统类型和版本

（5）根据需要对虚拟机进行命名，这里将其命名为"openEuler"，选择合适的虚拟机文件存放位置后，单击"下一步"按钮，如图 1-9 所示。

（6）将虚拟机磁盘容量指定为 20GB，同时选中"将虚拟磁盘拆分成多个文件"单选按钮，单击"下一步"按钮，如图 1-10 所示。

（7）单击"自定义硬件"按钮，如图 1-11 所示。

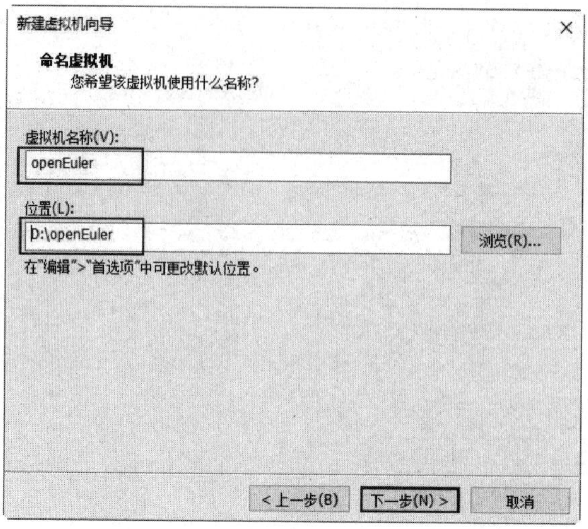

图 1-9　虚拟机命名

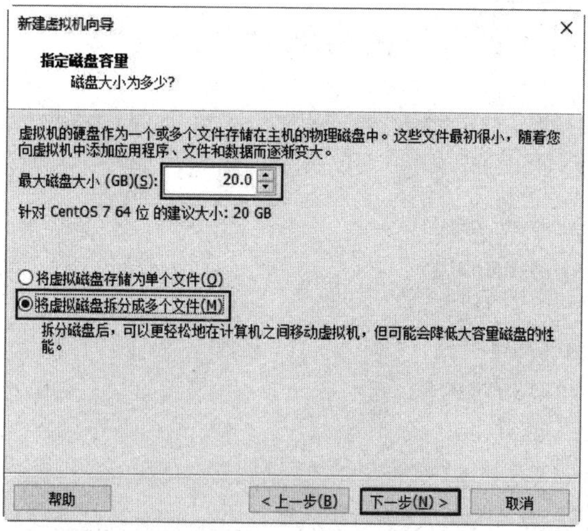

图 1-10　虚拟机磁盘分配

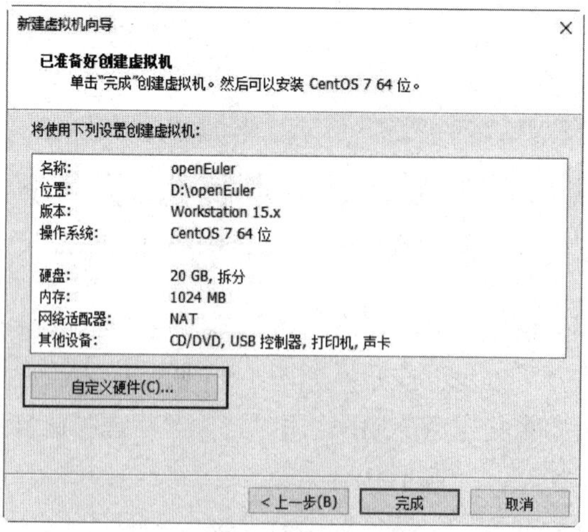

图 1-11　自定义硬件

（8）在"硬件"对话框中选择"内存"选项，设置"此虚拟机的内存"为"4096MB"（即 4GB），如图 1-12 所示。

图 1-12　内存设置

（9）在"硬件"对话框中选择"处理器"选项，设置"处理器数量"为"2"，"每个处理器的内核数量"为"2"，如图 1-13 所示。

图 1-13　处理器设置

（10）在"硬件"对话框中选择"新 CD/DVD(IDE)"选项，在右侧的"连接"选区内选中"使用 ISO 映像文件"单选按钮，单击"浏览"按钮，定位 openEuler 操作系统镜像文件的位置，即 D:\openEuler-22.03-LTS-SP3-x86_64-dvd.iso 文件的位置，如图 1-14 所示。

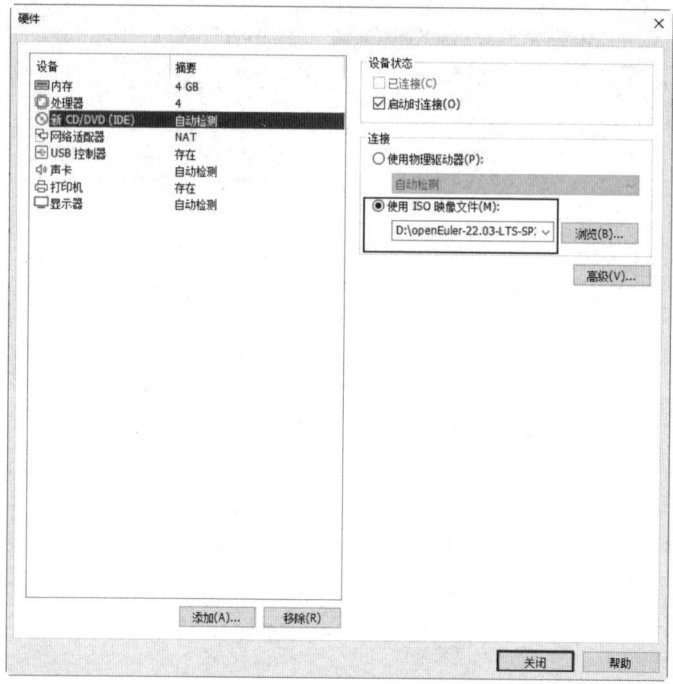

图 1-14　选择 ISO 映像文件

（11）开始安装 openEuler 操作系统，单击"开启此虚拟机"链接，如图 1-15 所示。

图 1-15　开启虚拟机

（12）在 openEuler 操作系统的安装引导界面中，用键盘的上方向键选择第一行的选项（第一个选项意为直接安装，第二个选项意为测试并安装），按 Enter 键即可安装操作系统，如图 1-16 所示。

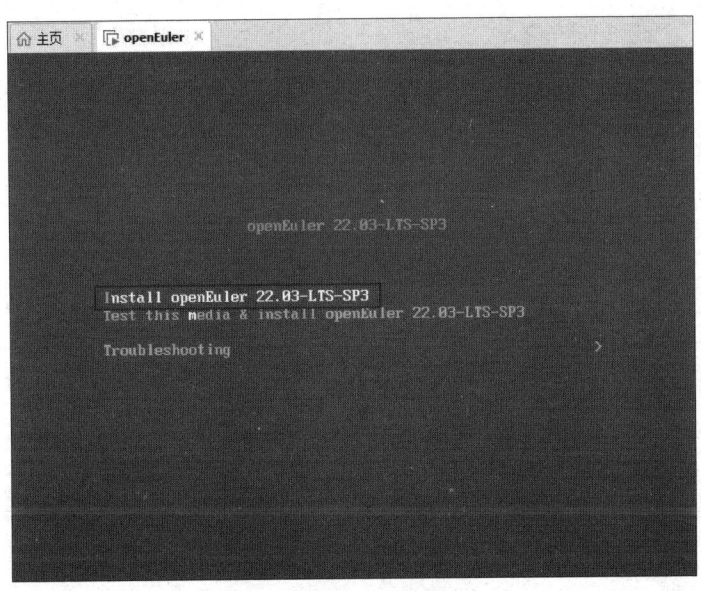

图 1-16　安装引导界面

（13）在语言选择界面中，选择安装过程中想使用的语言，这里选择"中文"→"简体中文"选项，单击"继续"按钮，如图 1-17 所示。

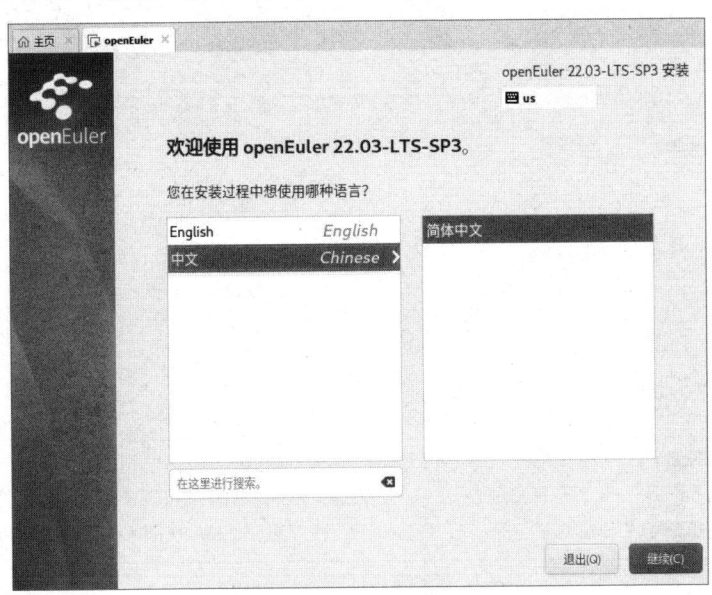

图 1-17　语言选择

（14）在"安装信息摘要"界面中，选择"系统"组中的"安装目的地"选项，如图 1-18 所示。

（15）在"安装目标位置"界面中，系统默认已经选择"本地标准磁盘"，存储配置默认选择"自动"，单击左上角的"完成"按钮，如图1-19所示。

图1-18　系统安装目的地选择

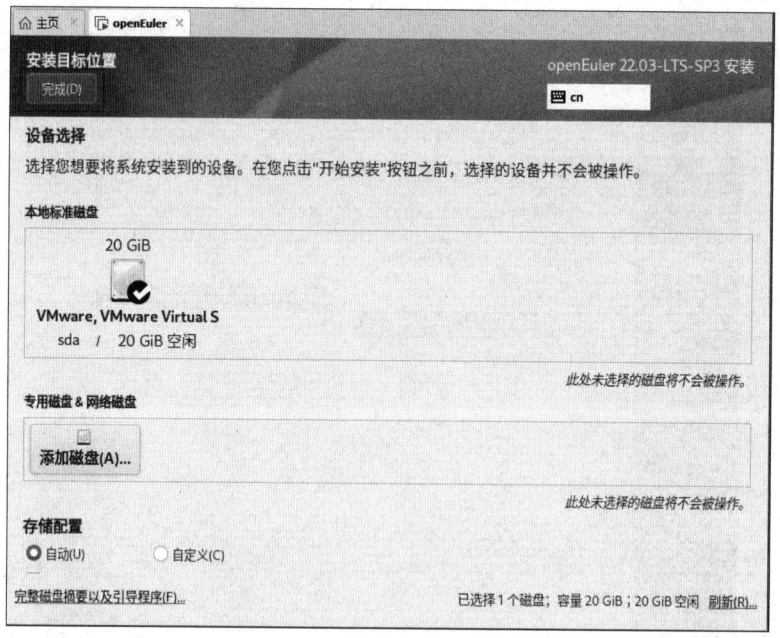

图1-19　安装目标位置设置

（16）在"安装信息摘要"界面中，单击"用户设置"组中的"Root账户"，如图1-20所示。

图 1-20 设置 root 账户[①]

（17）在"ROOT 账户"界面中，选中"启用 root 账户"单选按钮，输入 root 密码并确认密码（root 账户密码应使用数字、大小写英文字母、符号等的组合），如图 1-21 所示。

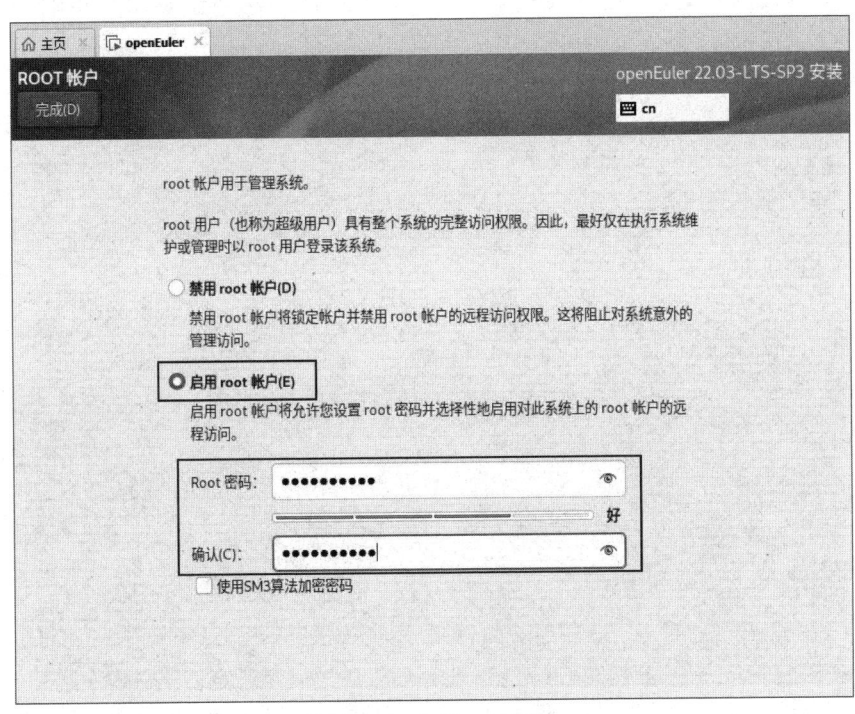

图 1-21 启用 root 账户

---

① 图中"帐户"的正确写法应为"账户"，余同，后文不再逐一说明。

(18)在"安装信息摘要"界面中,单击右下角的"开始安装"按钮,如图1-22所示。

图 1-22　安装 openEuler 操作系统

(19)系统自动安装完成后,在如图1-23所示的用户登录界面中,会提示输入用户名和密码。

图 1-23　用户登录界面

(20)在提示框中输入用户名"root"和密码(密码不显示),若用户名和密码正确,则显示命令提示符,代表登录成功,如图1-24所示。

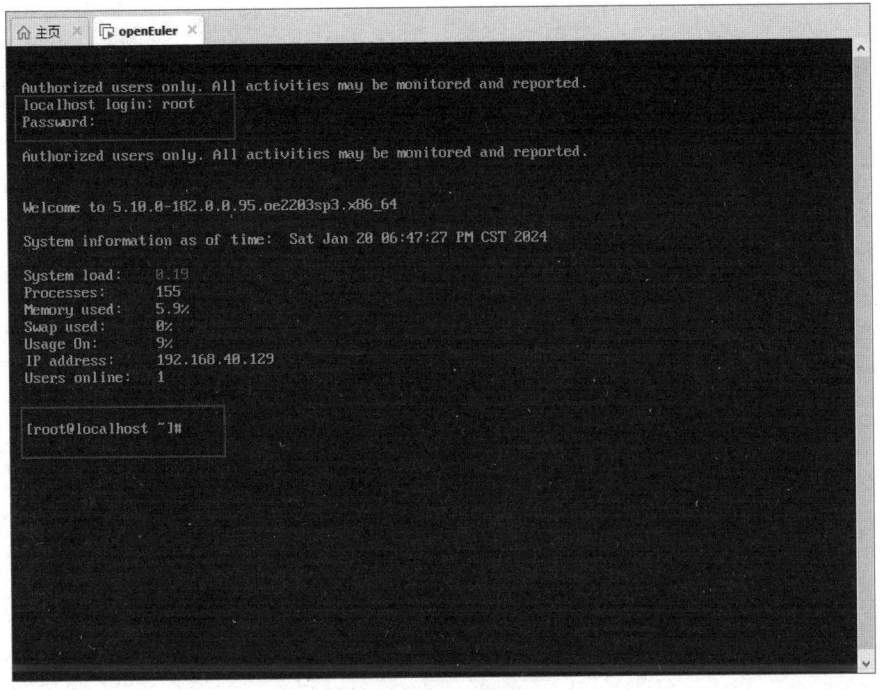

图 1-24 登录成功

评价反馈

学生自评表

班级		姓名		学号	
项目一	安装与配置 Linux 操作系统				
评价项目	评价标准			分值	得分
完成相关软件下载	能够完成 VMware Workstation 软件和 openEuler 操作系统的下载			20	
完成操作系统安装	能够完成 openEuler 操作系统的安装与配置			50	
系统命令的应用	能够完成 openEuler 操作系统的应用			30	
合计				100	

教师评价表

班级		姓名		学号	
项目一	安装与配置 Linux 操作系统				
评价项目	评价标准			分值	得分
职业素养	无迟到早退，遵守纪律			10	
	能在团队协作过程中发挥引领作用			10	
	对任务中出现的问题具有探究精神，能解决问题并举一反三			10	

续表

评价项目	评价标准	分值	得分
工作过程	能按计划实施工作任务	10	
工作质量	能按照要求，保质保量地完成工作任务	50	
工作态度	能认真预习、完成和复习工作任务	10	
合计		100	

课后提升

1．安装与配置麒麟操作系统。

（1）从麒麟操作系统官网下载系统镜像。

（2）使用 VMware Workstation 安装与配置麒麟操作系统。

2．安装与配置 Windows Server 2022 操作系统。

（1）从微软官网下载系统镜像。

（2）使用 VMware Workstation 安装与配置 Windows Server 2022 操作系统。

项目二　管理目录和文件

项目需求

工程师李四给助手张三分配了一个任务：在 Linux 服务器的/opt 目录中为每个部门创建部门目录，并为每位新员工创建一个工作目录，以便后期进行工作数据归档。

通过前面的学习，张三知道使用命令进行操作可以更加高效地完成任务，可是怎样使用命令进入/opt 目录，又如何创建目录呢？在本项目中，张三需要掌握对目录和文件进行基本操作的方法。

项目目标

1．思政目标

（1）通过层级化的目录结构（如树形目录）管理，引导学生建立"整体规划—局部执行"的系统思维；通过将技术治理逻辑迁移至日常事务管理，提升学生分析并结构化解决问题的能力。

（2）结合文件权限规则（如 chmod、ACL）与数据访问控制，引导学生理解"规则是秩序基石"的内涵，对标社会主义法治的理念，培养"知敬畏、守规矩"的法治思维与合规意识。

（3）通过敏感文件加密、访问审计日志分析，引导学生理解数据作为国家战略资源的重要性，履行信息安全的保密义务，树立"数据安全无小事"的职业责任感。

2．知识目标

（1）了解 openEuler 操作系统中的文件命名规则。
（2）了解 openEuler 操作系统的目录结构。
（3）掌握 openEuler 操作系统中目录与路径的相关知识。

3．能力目标

（1）掌握 openEuler 操作系统中目录管理的基本操作命令。
（2）掌握 openEuler 操作系统中文件管理的基本操作命令。
（3）掌握 openEuler 操作系统中 vim 文本编辑的基本操作。

思维导图

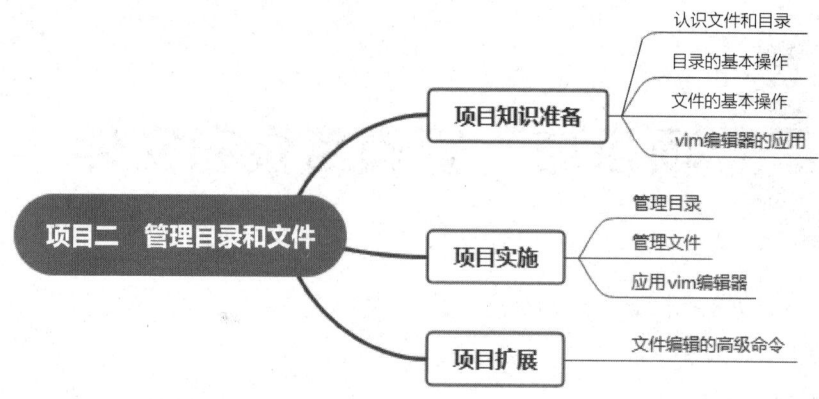

课前自学——项目知识准备

思政案例

发挥创新能力，培养奋发进取精神

屠呦呦是中国著名的药学家，凭借自身的贡献获得了 2015 年诺贝尔生理学或医学奖。屠呦呦和她的团队通过多年的不懈努力，成功地从中草药中提取出了用于治疗疟疾的青蒿素。她的研究成果不仅挽救了无数生命，也向世界展示了中国科学家的创新能力和奋发进取精神。

 ## 2.1　认识文件和目录

认识文件和目录

在 Linux 操作系统中，一切皆文件，连硬盘和显卡等也是以文件的形式存在的。

2.1.1　openEuler 操作系统的文件命名

在 openEuler 操作系统中，文件和目录的命名规则如下。
（1）除"/"外，所有的字符都可以使用。
（2）目录名或文件名的长度不能超过 255 个字符。
（3）目录名或文件名是区分英文字母大小写的。
（4）与 Windows 操作系统不同，文件的扩展名对 openEuler 操作系统没有特殊的含义，换句话说，openEuler 操作系统并不以文件的扩展名来区分文件类型。
openEuler 操作系统中常见的扩展名如下。
- .tar、.tar.gz、.tgz、.zip、.tar.bz 表示压缩文件。

- .sh 表示 Shell 脚本文件，即通过 Shell 语言开发的程序。
- .py 表示 Python 语言文件，即通过 Python 语言开发的程序。
- .html、.htm、.php、.jsp、.do 表示网页语言文件。
- .conf 表示系统服务的配置文件。
- .rpm 表示 RPM 安装包文件。

2.1.2 openEuler 操作系统的文件类型

在 openEuler 操作系统中，共有 7 种类型的文件，它们可被划分为三大类，即普通文件、目录文件和特殊文件。其中，特殊文件包含 5 种类型，分别是链接文件、字符设备文件、块设备文件、套接字文件、管道文件。

1. 普通文件

普通文件是 openEuler 操作系统中出现最多的一种文件类型，包括可读写的纯文本文件（ASCII）和二进制（binary）文件。

2. 目录文件

目录文件是我们平时所说的文件夹，在 openEuler 操作系统中，可以使用 cd 命令进入相关的目录中。

3. 链接文件

链接文件用于在共享文件和访问它的用户的若干目录项之间建立联系。openEuler 操作系统中有两种链接，即硬链接和软链接，软链接又被称为符号链接。

4. 字符设备文件

字符设备文件是串行端口的接口设备，如键盘、鼠标等。

5. 块设备文件

块设备文件是存储数据以供系统存取的接口设备，简而言之就是硬盘。

6. 套接字文件

套接字文件通常用于网络数据连接。在启动一个程序来监听客户端的请求时，客户端就是通过套接字进行数据通信的。

7. 管道文件

管道是 openEuler 操作系统中的一种进程通信机制。管道文件类型如表 2-1 所示。

表 2-1 管道文件类型

符号	说明
-	普通文件，长列表中以中画线-开头
d	目录文件，长列表中以英文字母 d 开头
l	链接文件，长列表中以英文字母 l 开头
c	字符设备文件，长列表中以英文字母 c 开头
b	块设备文件，长列表中以英文字母 b 开头
s	套接字文件，长列表中以英文字母 s 开头
p	管道文件，长列表中以英文字母 p 开头

2.1.3　openEuler 操作系统的目录结构

在 openEuler 操作系统中，一切皆文件，但是，文件多了就容易混乱，因此目录出现了。目录就是存放一组文件的"夹子"，或者说目录就是一组相关文件的集合，Windows 操作系统中的"文件夹"就是这个意思，因此，目录实际上是一种特殊的文件。

1. openEuler 操作系统中常见的目录结构

openEuler 操作系统中并不存在 C、D、E、F 等盘符，其中的一切文件都是从根目录"/"开始的，是一种单一的根目录结构。根目录"/"位于 openEuler 文件系统的顶层，所有分区都挂载到根目录"/"下的某个目录中。openEuler 操作系统中的目录结构如图 2-1 所示。

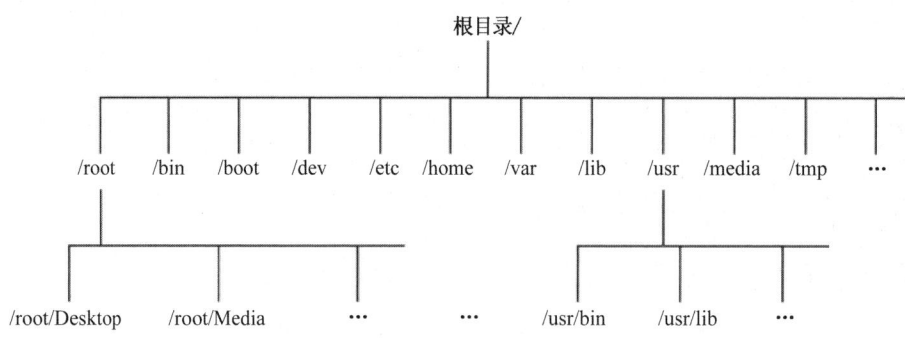

图 2-1　openEuler 操作系统中的目录结构

根目录"/"是 openEuler 文件系统的入口，所有的目录、文件、设备都在根目录"/"之下，它是 openEuler 文件系统顶层的目录。在 openEuler 文件系统中，根目录"/"最为重要，其原因有以下两点。

（1）所有目录都是由根目录衍生出来的。

（2）根目录与系统的开机、修复、还原密切相关。

因此，根目录必须包含开机软件、核心文件、开机所需要的程序、函数库、修复系统程序等文件。Linux 操作系统中的常见目录结构如表 2-2 所示。

表 2-2 Linux 操作系统中的常见目录结构

符号	存放的内容
/	根目录
/boot	开机启动所需的文件，是内核、开机菜单及所需配置文件等可运行的程序或命令
/bin	可运行的程序或命令
/dev	存放设备相关的文件
/etc	存放配置文件
/home	普通用户的家目录（又称主目录）
/media	挂载设备文件的目录，如光盘
/tmp	存放临时文件的目录
/var	存放经常变化的文件，如日志
/opt	存放第三方软件的目录
/root	root 用户的家目录
/sbin	存放与系统环境设置相关的命令
/usr	存储系统软件资源

2．目录与路径

（1）家目录。

在 Linux 操作系统的字符界面中，用户登录后要有一个初始登录位置，这个初始登录位置被称为家目录。如[root@localhost~]#中的"~"字符代表家目录。

（2）工作目录。

用户当前所处的位置就是其工作目录（又称当前目录）。如[root@localhost /]#代表工作目录是根目录"/"。

（3）路径。

路径是指如何定位到某个文件，分为绝对路径（absolute path）与相对路径（relative path）。绝对路径是指从根目录"/"开始写起的文件或目录名称，相对路径是指相对于当前路径的写法。

 ## 2.2　目录的基本操作

目录的基本操作

2.2.1　显示、更改工作目录——pwd、cd 命令

（1）使用 pwd 命令可以显示当前目录的绝对路径，其语法格式如下。

pwd

（2）当需要更改工作目录时，可以使用 cd 命令，该命令用于切换工作路径，其语法格式如下：

cd [目录名称]

cd 命令的选项及说明如表 2-3 所示。

表 2-3 cd 命令的选项及说明

选项	说明
cd..	切换至上级目录（".."代表上级目录，"."代表工作目录）
cd-	切换至前一次工作目录
cd~	切换至当前登录用户的家目录
cd ~用户名	切换至指定用户的家目录

【例 2-1】登录终端窗口，查看工作目录。

[root@localhost ~]# pwd

/root

【例 2-2】切换至/opt 目录，并查看工作目录。

[root@localhost ~]# cd /opt

[root@localhost opt]# pwd

/opt

【例 2-3】切换至当前登录用户的家目录，并查看工作目录。

[root@localhost opt]# cd ~

[root@localhost ~]# pwd

/root

2.2.2 列出目录内容——ls 命令

ls 是 list 的缩写，ls 命令是最常用的目录操作命令之一，用于显示目录中的信息，其语法格式如下：

ls [选项] [目录名称]

ls 命令的选项及说明如表 2-4 所示。

表 2-4 ls 命令的选项及说明

选项	说明
-a	显示全部文件，包括隐藏文件（以"."开头的文件），是最常用的选项之一
-A	显示全部文件，但不包括"."与".."这两个目录

续表

选项	说明
-d	仅列出目录本身，而不列出目录中的文件数据
-h	以易读的方式显示文件或目录大小，如 1KB、234MB、2GB 等
-i	显示 inode 节点信息
-l	使用长格式列出文件和目录信息
-r	将排序结果反向输出，例如，若原本文件名的排序方式为由 a 到 z，则反向后文件名的排序方式为由 z 到 a
-R	连同子目录内容一起列出来，相当于将该目录下的所有文件都显示出来
-S	以文件容量大小排序，而不是以文件名排序
-t	以时间排序，而不是以文件名排序

【例 2-4】显示工作目录下的文件。

[root@localhost ~]# ls

anaconda-ks.cfg

【例 2-5】显示/opt 目录下的文件。

[root@localhost ~]# ls /opt

patch_workspace

2.2.3 创建目录——mkdir 命令

mkdir 命令用于创建新目录，所有用户均可使用此命令，该命令的语法格式如下。

mkdir [选项] 目录名

mkdir 命令的选项及说明如表 2-5 所示。

表 2-5 mkdir 命令的选项及说明

选项	说明
-p	递归创建所有子目录
-m mode	为新建的目录设置指定的权限 mode

【例 2-6】在用户的家目录下创建目录 gdcmxy。

[root@localhost ~]# mkdir gdcmxy

[root@localhost ~]# ls

anaconda-ks.cfg gdcmxy

【例 2-7】在用户的家目录下创建目录 IT，并在 IT 目录下创建开发部门目录 development 和运营部门目录 operation（两个目录以空格隔开）。

[root@localhost ~]# mkdir -p IT/development IT/operation

[root@localhost ~]# ls

anaconda-ks.cfg   gdcmxy   IT

[root@localhost ~]# ls IT

development   operation

2.2.4 移动或重命名目录——mv 命令

mv 命令用于移动或重命名文件和目录，其语法格式如下。

mv [选项] 源文件 目标文件

mv 命令的选项及说明如表 2-6 所示。

表 2-6 mv 命令的选项及说明

选项	说明
-f	强制覆盖，如果目标文件已经存在，则不询问，直接强制覆盖
-i	交互移动，如果目标文件已经存在，则询问用户是否覆盖
-n	如果目标文件已经存在，则不会对其进行覆盖或移动，而且不询问用户
-v	显示文件或目录的移动过程
-u	如果目标文件已经存在，但两者相比，源文件更新，则对目标文件进行升级

【例 2-8】把在用户家目录下创建的 gdcmxy 目录移动到 IT 目录下。

[root@localhost ~]# mv gdcmxy IT

[root@localhost ~]# ls

anaconda-ks.cfg   IT

[root@localhost ~]# ls   IT

development   gdcmxy   operation

【例 2-9】在用户家目录下创建 IT 目录，并将 gdcmxy 目录重命名为 gdcmxy-new 目录。

[root@localhost ~]# cd IT

[root@localhost IT]# ls IT

development   gdcmxy   operation

[root@localhost IT]# mv gdcmxy gdcmxy-new

[root@localhost IT]#ls

development   gdcmxy-new   operation

2.2.5 删除目录——rmdir 命令

rmdir 命令用于删除空目录，其语法格式如下。

rmdir [选项] 目录名

该命令中的-p 选项用于递归删除空目录。

【例 2-10】删除 IT 目录下的 gdcmxy-new 目录。

[root@localhost IT]# rmdir gdcmxy-new

[root@localhost IT]# ls

development   operation

2.2.6 删除目录或文件——rm 命令

rm 命令用于删除目录或文件，rm 的英文全称为 remove，该命令的语法格式如下。

rm [参数] 文件 名称

rm 命令的选项及说明如表 2-7 所示。

表 2-7 rm 命令的选项及说明

选项	说明
-f	强制执行
-i	删除前询问
-r	删除目录
-v	显示过程

【例 2-11】删除用户家目录下的 IT 目录。

[root@localhost ~]# rm -r IT

[root@localhost ~]# ls

anaconda-ks.cfg

2.3 文件的基本操作

管理文件

2.3.1 创建空文件——touch 命令

touch 命令用于创建空文件或设置文件的时间，其语法格式如下。

touch [选项] 文件名

touch 命令的选项及说明如表 2-8 所示。

表 2-8 touch 命令的选项及说明

选项	说明
-a	仅修改"读取时间"（atime）

续表

选项	说明
-m	仅修改"修改时间"（mtime）
-d	同时修改 atime 与 mtime

【例 2-12】首先使用 touch 命令创建文件 file1，再使用 touch 命令同时创建文件 file2、file3、file4。

[root@localhost ~]# touch file1

[root@localhost ~]# touch file2 file3 file4

[root@localhost ~]# ls file*

file1　file2　file3　file4

2.3.2 复制文件或目录——cp 命令

cp 命令用于复制文件或目录，其语法格式如下。

cp [选项] 源文件 目标文件

在 openEuler 操作系统中，复制操作具体分为以下 3 种情况。

（1）如果目标文件是目录，则将源文件复制到该目录中。

（2）如果目标文件是普通文件，则询问是否要覆盖它。

（3）如果目标文件不存在，则执行正常的复制操作。

cp 命令的选项及说明如表 2-9 所示。

表 2-9　cp 命令的选项及说明

选项	说明
-p	保留原始文件的属性
-d	若对象为链接文件，则保留该链接文件的属性
-r	递归持续复制（用于目录）
-a	相当于-pdr（p、d、r 为上述参数）
-i	若目标文件存在，则询问是否覆盖它
-u	若目标文件与源文件相比有差异，则更新目标文件

【例 2-13】在家目录下创建 gdcmxy 目录，并将 file1 文件复制到 gdcmxy 目录中。

[root@localhost ~]# mkdir gdcmxy

[root@localhost ~]# cp file1 gdcmxy

[root@localhost ~]# ls gdcmxy

file1

【例 2-14】首先在家目录下创建目录 gdcmxy2 和 gdcmxy3，然后在 gdcmxy2 目录下创建子目录 gdcmxy4，最后把 gdcmxy2 目录复制到 gdcmxy3 目录中。

[root@localhost ~]# mkdir –p gdcmxy2/gdcmxy4　　gdcmxy3

[root@localhost ~]# cp –r gdcmxy2 gdcmxy3

[root@localhost ~]# ls gdcmxy3

gdcmxy2

[root@localhost ~]# ls gdcmxy3/gdcmxy2

gdcmxy4

2.3.3 显示文本

在 openEuler 文件系统中，可以使用 cat、more、less、head、tail 等命令显示文件的内容。

1. cat 命令

cat 命令主要用于显示内容较少的文件。该命令还能用来连接两个或多个文件，并形成新的文件，其语法格式如下。

cat　[选项]　文件名称

cat 命令的常用选项及说明如表 2-10 所示。

表 2-10　cat 命令的常用选项及说明

选项	说明
-n	由 1 开始对所有输出的行编号
-b	和-n 相似，但不对空白行编号
-s	将两行及两行以上的连续空白行替换为一行

【例 2-15】显示系统用户的基本信息文件/etc/passwd 中的内容。

[root@localhost ~]# cat /etc/passwd

【例 2-16】显示系统网卡的配置文件信息。

[root@localhost ~]# cat /etc/sysconfig/network-scripts/ifcfg-ens33

2. more 命令

more 命令用于分页查看文本文件，尤其适合内容较多的文件，其语法格式如下。

more　[选项]　文件名称

more 命令的常用选项及说明如表 2-11 所示。

表 2-11　more 命令的常用选项及说明

选项	说明
-n	用来指定分页显示时每页的行数
+n	从第 n 行开始显示

【例 2-17】 显示/etc/shadow 中的用户密码信息。

[root@localhost ~]# more /etc/shadow

在使用 more 命令显示文件时，会逐行或逐页显示，以方便用户阅读。其中最基本的操作是按 Enter 键显示下一行，按空格键显示下一页，按 b 键显示上一页，中途按 q 键退出，文件结束自动退出。

3. less 命令

less 命令的功能和 more 命令的功能基本相同，也是用来按页显示文件的。二者的不同之处在于，less 命令在显示文件时，允许用户使用上、下方向键向前、向后逐行翻阅文件；more 命令只能向后翻阅文件，且不能使用方向键。此外，在使用 less 命令显示文件时，只能按 q 键退出。

less 命令的语法格式如下。

less [选项] 文件名称

【例 2-18】 显示系统用户的密码文件/etc/shadow 中的内容。

[root@localhost ~]# more /etc/shadow

4. head 命令

head 命令用于指定查看文本文件的前几行，默认显示文本文件的前 10 行，可以通过 -n 选项设置显示的行数。该命令的语法格式如下。

head [选项] 文件名称

【例 2-19】 显示系统用户的基本信息文件/etc/passwd 中的前 10 行内容。

[root@localhost ~]# head -10 /etc/passwd

5. tail 命令

tail 命令用于指定查看文本文件的最后几行，使用方式与 head 命令类似，该命令的语法格式如下。

tail [选项] 文件名称

【例 2-20】 显示系统用户的基本信息文件/etc/passwd 中的后 10 行内容。

[root@localhost ~]# tail -10 /etc/passwd

总的来说，cat 命令用于一次性显示文件，more 命令和 less 命令用于分页显示文件，head 命令和 tail 命令用于部分显示文件，这些命令都可以同时查看多个文件。

6. tar 命令

tar 命令用于对文件进行压缩或解压缩，语法格式为"tar 参数 文件名称"。在 Linux

操作系统中，主要使用.tar、.tar.gz 或.tar.bz2 作为压缩文件的扩展名。

tar 命令的选项及说明如表 2-12 所示。

表 2-12　tar 命令的选项及说明

选项	说明
-c	创建压缩文件
-x	解压缩压缩文件
-t	查看压缩文件内有哪些文件
-z	以 gzip 格式压缩或解压缩
-j	以 bzip2 格式压缩或解压缩
-v	显示压缩或解压缩的过程
-f	目标文件名
-p	保留原始的权限与属性
-P	使用绝对路径来压缩
-C	指定解压缩到的目录

【例 2-21】在当前家目录下创建目录 dir1 和 dir2，使用 tar 命令将其压缩为 dirTest.tar 文件。

[root@localhost ~]# mkdir dir1 dir2

[root@localhost ~]# tar –cf dirTest.tar dir1 dir2

[root@localhost ~]# ls

【例 2-22】在当前家目录下创建 Test 目录，并将上例中生成的 dirTest.tar 文件解压缩到 Test 目录中。

[root@localhost ~]# mkdir Test

[root@localhost ~]# tar –xf dirTest.tar –C Test

[root@localhost ~]# ls Test

【例 2-23】首先在家目录下创建 file.txt 文件，然后以 gzip 格式对其进行压缩，最后将其命名为 file.tar.gz，并显示压缩过程。

[root@localhost ~]# touch file.txt

[root@localhost ~]# tar -czvf　file.tar.gz　file.txt

【例 2-24】在家目录下创建 Test2 目录，将压缩文件 file.tar.gz 解压缩到 Test2 目录中，并显示解压缩过程。

[root@localhost ~]# tar -xzvf　file.tar.gz　-C　Test2

2.4 vim 编辑器的应用

Vim 编辑器的应用

1. vim 编辑器的概念

vim 编辑器是一种文本编辑工具，可以执行输入、删除、查找、替换和块操作等众多文本操作。

2. vim 编辑器的模式

vim 编辑器设置了以下 3 种模式。

（1）命令模式：可以控制光标移动，对文本进行复制、粘贴、删除和查找等工作。

（2）输入模式：正常的文本录入。

（3）末行模式：保存或退出文档，以及设置编辑环境。

3. vim 编辑器的模式转换

vim 编辑器的 3 种基本工作模式的转换如图 2-2 所示。

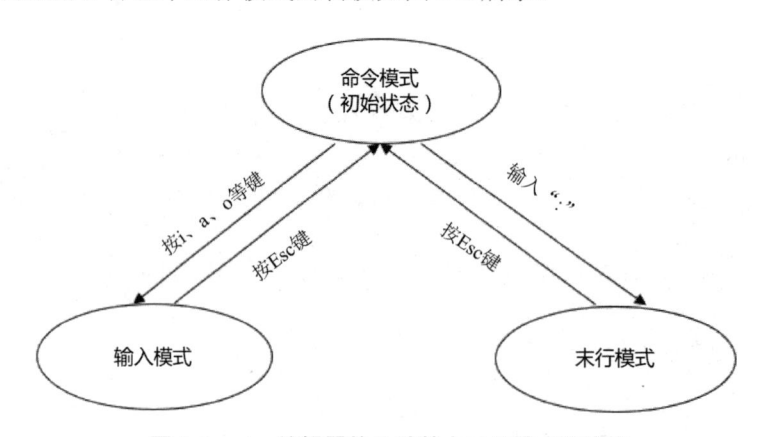

图 2-2　vim 编辑器的 3 种基本工作模式的转换

（1）启动 vim 编辑器。

用 vim 编辑器打开一个文件后，便处于命令模式，若按 i、a、o 等快捷键，则进入输入模式。vim 输入模式的快捷键及功能说明如表 2-13 所示。

表 2-13　vim 输入模式的快捷键及功能说明

快捷键	功能说明
i	在光标所在位置之前插入文本
I	在光标所在行的行首插入文本
o	在光标所在行的下面插入新的一行
O（大写）	在光标所在行的上面插入新的一行

快捷键	功能说明
a	在光标所在位置之后插入文本
A	在光标所在行的行尾插入文本

（2）退出 vim 编辑器。

文件编辑完成后，若要退出 vim 编辑器，则需要按 Esc 键切换至命令模式，之后按相关快捷键即可退出 vim 编辑器。vim 命令模式中的退出快捷键及功能说明如表 2-14 所示。

表 2-14　vim 命令模式中的退出快捷键及功能说明

快捷键	功能说明
:wq	保存并退出 vim 编辑器
:wq!	保存并强制退出 vim 编辑器
:q	不保存并退出 vim 编辑器
:w	保存但不退出 vim 编辑器
:w!	强制保存文本
:w filename	另存为新文件

【例 2-25】使用 vim 编辑器编辑 vim-test 文件，输入"welcome gdcmxy!"，保存并退出 vim 编辑器。

```
[root@localhost ~]# vim vim-test
#进入文件后按 i 键，并输入以下字符
welcome gdcmxy!

#按 Esc 键，并按:wq 快捷键保存退出
:wq
```

（3）复制或粘贴文本。

用 vim 编辑器打开一个文件后，在命令模式下可以使用快捷键复制或粘贴文本。vim 命令模式下复制或粘贴文本的快捷键及功能说明如表 2-15 所示。

表 2-15　vim 命令模式下复制或粘贴文本的快捷键及功能说明

快捷键	功能说明
yy	复制光标所在行
nyy	复制光标所在行的向下 n 行
p	粘贴到光标所在行的下一行
P（大写）	粘贴到光标所在行的上一行

【例 2-26】首先在 vim-test 文件中复制"welcome gdcmxy!"并将其粘贴到下一行，然

后把光标移到首行,将"welcome gdcmxy!"向下复制两行并粘贴到最后一行。

[root@localhost ~]# vim vim-test

welcome gdcmxy!

welcome gdcmxy!

welcome gdcmxy!

welcome gdcmxy!

:wq

(4)删除文本。

用 vim 编辑器打开一个文件后,在命令模式下可以使用快捷键删除文本。vim 命令模式下删除文本的快捷键及功能说明如表 2-16 所示。

表 2-16 vim 命令模式下删除文本的快捷键及功能说明

快捷键	功能说明
dd	删除光标所在行
ndd	删除当前行(包括此行)后的 n 行文本
pdG	删除光标所在行到文件末尾的所有内容
D	删除光标所在位置到本行行尾的所有内容

【例 2-27】在 vim-test 文件中使用快捷键删除"welcome gdcmxy!",同时删除后面两行。

[root@localhost ~]# vim vim-test

welcome gdcmxy!

:wq

(5)查找或替换文本。

用 vim 编辑器打开一个文件后,在命令模式下可以使用快捷键查找或替换文本。vim 命令模式下查找或替换文本的快捷键及功能说明如表 2-17 所示。

表 2-17 vim 命令模式下查找或替换文本的快捷键及功能说明

快捷键	功能说明
/abc	从光标所在位置向前查找字符串 abc
?abc	从光标所在位置向后查找字符串 abc
/^abc	查找以 abc 为行首的行

快捷键	功能说明
/abc$	查找以 abc 为行尾的行
:s/a1/a2/g	将当前光标所在行中的所有 a1 替换成 a2
:%s/a1/a2/g	将文件中的所有 a1 替换成 a2

【例 2-28】在/etc/passwd 文件中，从光标所在位置向后查找 ftp 字符（可以使用 n 键继续查找）。

```
[root@localhost ~]# vim /etc/passwd
内容略


?ftp
:wq
```

【例 2-29】将/etc/sysconfig/network-scripts/ifcfg-ens33 文件中的所有 dhcp 替换成 static。

```
[root@localhost ~]# vim /etc/sysconfig/network-scripts/ifcfg-ens33
内容略


:%s/dhcp/static/g
:wq
```

（6）显示行号。

用 vim 编辑器打开一个文件后，在命令模式下可以使用快捷键显示文本内容的行号。vim 命令模式下显示行号的快捷键及功能说明如表 2-18 所示。

表 2-18 vim 命令模式下显示行号的快捷键及功能说明

快捷键	功能说明
:set nu	显示行号
:set nonumber	不显示行号

【例 2-30】在/etc/passwd 文件中显示行号。

```
[root@localhsost ~]# vim /etc/passwd
内容略
#输入:set nu 后按 Enter 键，则在文本左边显示行号
:set nu
```

自学自测

选择题

1. 下列关于 Linux 命令结构的描述中，错误的是（　　）。
   A．有些命令需要参数，而有些命令不需要
   B．命令不区分英文字母大小写
   C．参数有短格式和长格式之分，前缀分别为"-"和"--"
   D．短格式参数可以组合书写，且参数前只保留一个"-"
2. 下列命令中用于创建普通文件的是（　　）。
   A．mkdir 命令　　　B．touch 命令　　　C．rmdir 命令　　　D．mv 命令
3. （　　）命令用于将当前目录下的信息用长格式形式列出详细内容。
   A．ls -a　　　　　B．ls -A　　　　　C．ls -i　　　　　D．ls -l
4. 在 vim 编辑器的命令模式下，（　　）快捷键用于保存并退出。
   A．:q　　　　　　B．:q!　　　　　　C．:wq　　　　　　D．:wq!
5. 在使用 rm 命令删除文件或目录时，可使用（　　）选项来避免二次确认。
   A．-f　　　　　　B．-d　　　　　　C．-r　　　　　　D．-a
6. 若想查看的文件具有较长的内容，则应使用（　　）命令。
   A．cat　　　　　　B．tail　　　　　　C．more　　　　　D．head
7. 在使用 mkdir 命令创建有嵌套关系的目录时，应该加上（　　）选项。
   A．-v　　　　　　B．-l　　　　　　C．-a　　　　　　D．-p

课中实训

任务 2.1　管理目录

1. 任务要求

在/opt 目录下创建 openeuler 目录，同时在 openeuler 目录下创建两个子目录，分别是 sales 和 operations，并对这两个子目录进行管理。

2. 任务实施

（1）使用 cd 命令切换至/opt 目录，并显示/opt 目录的内容。

```
[root@localhost ~]# cd    /opt
```

（2）在/opt 目录下创建 openeuler 目录，并显示/opt 目录的内容。

[root@localhost opt]# mkdir openeuler

[root@localhost opt]# ls

openeuler

（3）切换至家目录，分别创建/opt/openeuler 目录的子目录 sales 和 operations，查看并显示 openeuler 目录的内容。

[root@localhost opt]# cd ~

[root@localhost ~]# mkdir -p   /opt/openeuler/sales   /opt/openeuler/operations

[root@localhost ~]# ls /opt/openeuler

operations sales

（4）把 sales 目录复制到家目录中，并显示家目录的内容。

[root@localhost ~]# cp -r   /opt/openeuler/sales   ./

[root@localhost ~]# ls

anaconda-ks.cfg   sales

（5）把 operations 目录移动到根目录中，并显示/opt/openeuler 目录的内容。

[root@localhost ~]# mv   /opt/openeuler/operations   /

[root@localhost ~]# ls /opt/openeuler

sales

（6）删除/openeuler 目录，并显示/opt 目录的内容。

[root@localhost ~]# rm -rf   /opt/openeuler

[root@localhost ~]# ls   /opt

任务 2.2　管理文件

1. 任务要求

现计划在 openEuler 操作系统中安装相关的软件包，并在本地配置仓库源，因此需要创建 dvd.repo 文件，并对该文件进行管理。

2. 任务实施

（1）在家目录下创建 dvd.repo 文件，并查看家目录的内容。

[root@localhost ~]#touch   dvd.repo

[root@localhost ~]# ls

anaconda-ks.cfg   dvd.repo   sales

（2）将在家目录下创建的 dvd.repo 文件移动到/etc/yum.repos.d/目录中，并显示/etc/yum.repos.d/目录的内容。

[root@localhost ~]#mv   dvd.repo   /etc/yum.repos.d/

[root@localhost ~]# ls   /etc/yum.repos.d/

dvd.repo   openEuler.repo

（3）将/etc/yum.repos.d/目录下的 dvd.repo 文件备份为 dvd.repo.bak，并显示/etc/yum.repos.d/目录的内容。

[root@localhost ~]#cd   /etc/yum.repos.d/

[root@localhost yum.repos.d]#cp   dvd.repo   dvd.repo.bak

[root@localhost yum.repos.d]#ls

dvd.repo   dvd.repo.bak   openEuler.repo

（4）删除/etc/yum.repos.d/目录下的 dvd.repo.bak 文件，并显示/etc/yum.repos.d/目录的内容。

[root@localhost yum.repos.d]#rm   dvd.repo.bak

rm：是否删除普通文件 'dvd.repo.bak'？   //输入 y，确认删除

[root@localhost yum.repos.d]#ls

dvd.repo   openEuler.repo

任务 2.3　应用 vim 编辑器

1. 任务要求

通过编辑本地源仓库文件，实现本地软件包的安装。通过编辑网卡配置文件，实现网络连接。

2. 任务实施

（1）使用 vim 编辑器打开/etc/yum.repos.d/目录下的 dvd.repo 文件（若没有，则重新创建），输入以下代码并保存退出。

[dvd]

name=dvd

baseurl=file:///iso

gpgcheck=0

enabled=1

（2）在/etc/sysconfig/network-scripts/目录下创建新的网卡配置文件 ifcfg-ens34，并输入以下代码。

```
NAME=ens34
DEVICE=ens34
BOOTPROTO=static
ONBOOT=yes
IPADDR=192.168.1.100    #虚拟机 IP 地址
DNS1=114.114.114.114
NETMASK=255.255.255.0
```

评价反馈

学生自评表

班级		姓名		学号	
项目二	管理目录和文件				
评价项目	评价标准			分值	得分
管理目录	完成目录管理			30	
管理文件	完成文件管理			30	
应用 vim 编辑器	完成 vim 编辑器的应用			40	
	合计			100	

教师评价表

班级		姓名		学号	
项目二	管理目录和文件				
评价项目	评价标准			分值	得分
职业素养	无迟到早退，遵守纪律			10	
	能在团队协作过程中发挥引领作用			10	
	对任务中出现的问题具有探究精神，能解决问题并举一反三			10	
工作过程	能按计划实施工作任务			10	
工作质量	能按照要求，保质保量地完成工作任务			50	
工作态度	能认真预习、完成和复习工作任务			10	
	合计			100	

课后提升

文件编辑的高级命令

为了提高文件处理效率，我们常常会使用文件处理"三剑客"——grep 命令、sed 命令、awk 命令来实现文件内容的应用。

1. grep 命令的应用

grep 命令用于在一个或多个文件中搜索特定字符串。

语法格式：grep [选项] 字符串 文件名称。

使用 grep 命令查找用户信息文件（/etc/passwd 文件）中 root 用户的信息，其语法格式如下。

[root@localhost ~]# grep "root" /etc/passwd

2. sed 命令的应用

sed 命令是一种十分有用的文件修改工具，在查找和替换文本方面发挥着十分重要的作用。

语法格式：sed [选项] [脚本命令] 文件名称。

使用 sed 命令将/etc/sysconfig/network-scripts/目录下的 ifcfg-ens33 文件中 ONBOOT 的值 yes 替换为 no。

[root@localhost ~]# sed   's/yes/no/'   /etc/sysconfig/network-scripts/ifcfg-ens33

3. awk 命令的应用

awk 命令是一种处理文本文件的工具。它将一行分成数个字段，并逐行处理数据，特别适用于从文件中提取特定的数据。

语法格式：awk   [选项] '模式{动作}' 文件名称。

使用 awk 命令获取系统中用户名的语法格式如下。

[root@localhost ~]# awk -F':'   '{ print $1 }'   /etc/passwd

项目三 管理用户、组和权限

项目需求

张三所在公司的开发部承担了组建某高校校园网的项目,计划通过 Linux 服务器为校园网用户提供各种服务,该项目采用的 openEuler 是多用户、多任务的操作系统。系统管理员需要保护每一位用户的隐私,给不同的用户或组设置不同的权限。接下来,张三将学习 openEuler 操作系统中管理用户、组和权限的相关内容。

项目目标

1. 思政目标

(1)通过对用户和组的权限进行分层管理,引导学生理解"权限即责任"的本质。以"服务师生需求"为导向分配资源,践行"以人民为中心"的发展思想。

(2)通过细粒度权限配置,引导学生掌握精准化管理的方法,避免"一刀切"的粗放式管理,提升治理效能与问题解决的针对性。

(3)通过权限滥用模拟实验,引导学生践行"权限最小化"原则,强化风险预判与应急处置能力,树立居安思危、防微杜渐的安全发展理念。

2. 知识目标

(1)掌握 openEuler 操作系统用户的基础知识。

(2)掌握 openEuler 操作系统组的基础知识。

(3)掌握 openEuler 操作系统文件权限配置的基础知识。

(4)了解 openEuler 操作系统的 ACL。

3. 能力目标

(1)掌握 openEuler 操作系统的管理用户的基本命令。

(2)掌握 openEuler 操作系统的管理组的基本命令。

(3)掌握 openEuler 操作系统的文件权限配置的基本命令。

思维导图

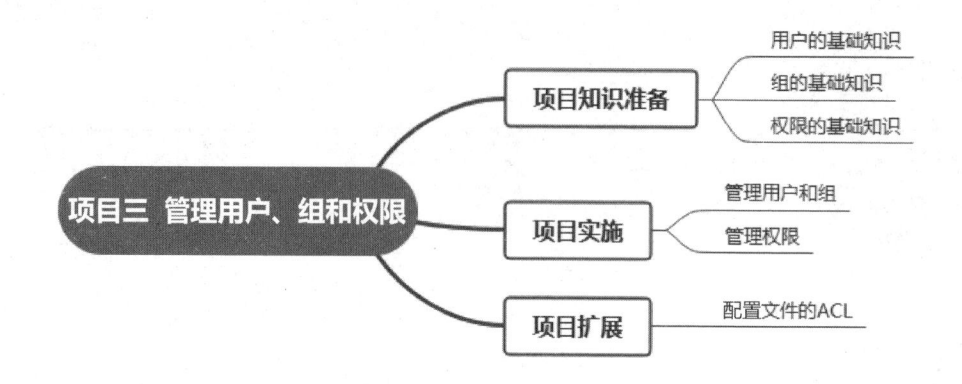

```
项目三 管理用户、组和权限
├── 项目知识准备
│   ├── 用户的基础知识
│   ├── 组的基础知识
│   └── 权限的基础知识
├── 项目实施
│   ├── 管理用户和组
│   └── 管理权限
└── 项目扩展
    └── 配置文件的ACL
```

课前自学——项目知识准备

思政案例

国密算法

在网络信息传输和存储过程中，保证数据的保密性和安全性十分重要。传统的国际标准加密算法虽然安全可靠，但由于其无法保证源代码的安全性，因此面临着源代码被外部恶意攻击者渗透或篡改的风险。为了构建安全的行业网络环境，并进一步增强国家行业信息系统的安全可控，我国积极开展了针对信息安全需求的研究和探索。

国密算法是由我国国家密码管理局发布的密码算法标准，旨在保障国家信息安全。我国于 2007 年开始制定国密算法，并于 2010 年正式发布一系列国产商用密码标准算法，包括 SM1（SCB2）、SM2、SM3 及 SM4，后续补充的算法包括 SM7、SM9 及祖冲之密码算法（ZUC）等。国密算法具备安全性高、高效灵活、标准化广泛、自主创新和面向多领域应用等特点，通过在金融、电子政务及安防等领域的广泛应用，其在对敏感数据进行机密性、完整性和可用性保护的同时，显著提升了我国在密码技术领域的核心竞争力，减少了对外部密码产品的依赖，提升了国家信息安全水平，为国家信息安全建设做出了重要贡献。

3.1 用户的基础知识

openEuler 是多用户、多任务的操作系统，允许多个用户同时登录及使用系统资源。每个用户都有一个账户，包括用户名、密码和家目录等信息。每个用户通过用户账户登录系统，并访问已经被授权的资源，每个用户在各自不受干扰的环境下独立工作。

3.1.1 用户基础

1. UID

管理用户的学习（上） 管理用户的学习（下）

尽管登录 openEuler 操作系统需要输入用户名和密码，但其实 openEuler 操作系统根本不识别用户名，而是通过一组数字来区分不同的账户，这组数字即 UID（User ID），UID 是每个用户都会被分配的一个唯一的标识符。

通过 id 命令可以查看用户的 ID 信息。

命令名称：id。

语法格式：id [option] [user_name]。

说明：用于显示用户的 ID 信息和用户所属组的 ID 信息。

id 命令的选项及说明如表 3-1 所示。

表 3-1 id 命令的选项及说明

选项	说 明
-u	--user，只输出有效 UID
-g	--group，只输出有效 GID

【例 3-1】查看当前用户的 ID 信息。

```
[root@localhost ~]# id
用户 id=0(root) 组 id=0(root) 组=0(root)
```

2. 用户分类

openEuler 操作系统下有三类用户：超级用户、虚拟用户和普通用户。UID 是用户的唯一标识符，可用于区分不同的用户类别。

（1）超级用户：也称为 root 用户、根用户，UID 为 0。此类用户对系统拥有完全控制权，可以进行修改文件、删除文件等操作，也可以运行各种命令，但需要谨慎使用。

（2）虚拟用户：也称为系统用户，UID 为 1～999 之间的数。此类用户最大的特点是不提供密码登录系统，是为方便系统的管理而存在的。

（3）普通用户：也称为一般用户，UID 为 1000～60000 之间的数。此类用户可以访问、修改自己目录下的文件，也可以访问经过授权的文件。

3. 用户账户信息文件/etc/passwd

openEuler 操作系统把用户账户及相关信息（不包括密码）存放在配置文件/etc/passwd 中，该文件中保存着系统中所有用户的主要信息，每一行代表一个用户账户，每条用户信息由 7 个字段构成（各字段之间以 ":" 分隔），各字段的含义如图 3-1 和表 3-2 所示。

【例 3-2】查看/etc/passwd 文件的属性和前 5 条用户信息。

```
[root@localhost ~]# ll /etc/passwd
-rw-r--r--. 1 root root 1852   2月 29 19:31 /etc/passwd
[root@localhost ~]# head -5 /etc/passwd
root:x:0:0:root:/root:/bin/bash
bin:x:1:1:bin:/bin:/sbin/nologin
daemon:x:2:2:daemon:/sbin:/sbin/nologin
adm:x:3:4:adm:/var/adm:/sbin/nologin
lp:x:4:7:lp:/var/spool/lpd:/sbin/nologin
```

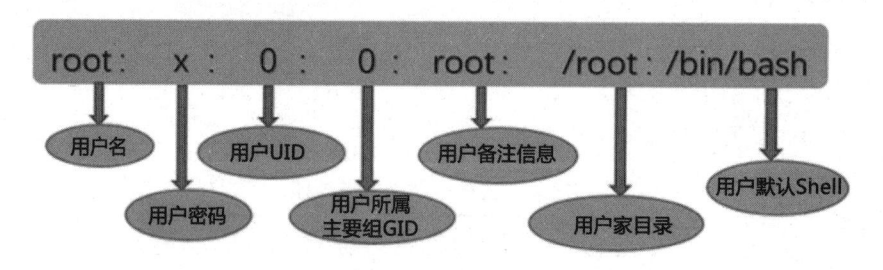

图 3-1　/etc/passwd 文件中各字段的含义

表 3-2　/etc/passwd 文件中各字段的含义

序号	字段含义
1	用户名，用户名的字符可以是大小写英文字母、数字、减号、点、下画线，其他符号不合法
2	用户密码，加密的密码，用"x"表示，具体密码需要到对应的/etc/shadow 文件中查看
3	用户 UID，对用户进行识别，从而判断用户类别
4	用户所属主要组 GID，对应/etc/group 文件中的一条记录
5	用户备注信息，该字段没有实际意义
6	用户家目录，用户登录时所在的目录
7	用户默认 Shell，将用户下达的命令传达给内核

4. 用户密码文件/etc/shadow

openEuler 操作系统把用户加密后的密码及其相关的信息单独保存在/etc/shadow 这个"影子文件"中，该文件中保存着系统中所有用户的与密码和时效有关的信息，每一行代表一位用户，每条密码信息由 9 个字段构成（各字段之间以":"分隔），各字段的含义如图 3-2 和表 3-3 所示。

【例 3-3】查看/etc/shadow 文件的属性和前 5 条密码信息。

```
[root@localhost ~]# ll /etc/shadow
----------. 1 root root 1100   2月 29 19:31 /etc/shadow
[root@localhost ~]# head -5 /etc/shadow
```

root:6KxA0y3lR6ZinpW3e$EgDoJ9rH3KZoPpDQHP1V7OTa8mgDjtq73NUwQdK9dt5UvVrMpVTvJ2SClG4CaptboEwXCzRMR2OtzVL/Es6v61:19782:0:99999:7:::

bin:*:19527:0:99999:7:::

daemon:*:19527:0:99999:7:::

adm:*:19527:0:99999:7:::

lp:*:19527:0:99999:7:::

注意：/etc/shadow 文件又称"影子文件"，其预设属性是"----------"，只有超级用户对该文件具有读权限，其他用户无任何权限，这有效保证了用户密码等信息的安全性。

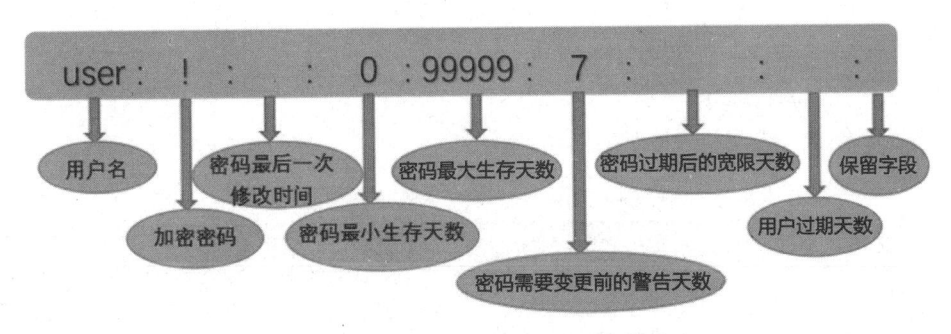

图 3-2　/etc/shadow 文件中各字段的含义

表 3-3　/etc/shadow 文件中各字段的含义

序号	字段含义
1	用户名，与/etc/passwd 文件中的用户名具有相同的意义
2	加密密码，若显示为"*"或"!"，则表示用户不能登录账户
3	密码最后一次修改时间，即从 1970 年 1 月 1 日起，到用户最后一次进行密码更改的天数
4	密码最小生存天数，如果为 0，则表示随时可更改
5	密码最大生存天数，如果为 99999，则表示密码始终有效
6	密码需要变更前的警告天数
7	密码过期后的宽限天数，若密码过期后在宽限天数内仍未更改密码，则禁用该用户账户
8	用户过期天数，无论密码是否过期，只要用户过期了，其就不再是一个合法用户
9	保留字段，用于功能扩展

注意：经常修改密码是个好习惯，为了强制要求用户定期修改密码，可以将第 5 个字段的密码最大生存天数指定为距离第 3 个字段（密码最后一次修改时间）多长时间内需要再次修改密码，否则该账户密码进入过期阶段。该字段的默认值为 99999 天，也就是大约 273 年，因此可被认为永久生效。如果将第 5 个字段的值设置为 60，则表示密码被修改 60 天之后必须再次进行修改，否则该用户将过期，设置这个字段的值可以强制用户定期修改密码。

3.1.2 用户管理

用户管理是系统安全管理的重要组成部分。可以通过相应的操作命令对用户进行增、删、改、查和用户密码管理等操作。

1. 创建用户

创建用户账户就是在系统中新建一个账户，为新用户分配 UID、家目录和 Shell 等资源。可以通过 useradd 命令创建新用户。

命令名称：useradd。

语法格式：useradd [option] user_name。

说明：创建 user_name 用户。

useradd 命令的选项及说明如表 3-4 所示。

表 3-4 useradd 命令的选项及说明

选项	说明
-u	指定用户 UID
-g	指定用户所属主要组，可以是组名，也可以是 GID
-G	指定用户所属附加组，可以是组名，也可以是 GID
-d	指定用户的家目录
-c	指定用户的描述信息，并写入/etc/passwd 文件中每条用户信息的第 5 个字段
-s	指定用户的默认 Shell，默认为/bin/bash

【例 3-4】创建新用户 test1。

[root@localhost ~]# useradd test1

[root@localhost ~]# grep test1 /etc/passwd /etc/shadow

/etc/passwd:test1:x:1002:1002::/home/test1:/bin/bash

/etc/shadow:test1:!:19782:0:99999:7:::

注意：

- 只有 root 账户才能执行 useradd 命令。
- 如果要创建的新用户已经存在，则系统会提示该用户已经存在。
- 用户账户创建成功后，在/etc/passwd 文件和/etc/shadow 文件中均会增加一条相应的记录。
- /etc/login.defs 文件是创建用户的默认配置文件。

【例 3-5】创建新用户 test2，并设置其 UID 为 1100，家目录为/test2，Shell 为/bin/bash。

[root@localhost ~]# useradd -u 1100 -d /test2 -s /bin/bash test2

[root@localhost ~]# grep test2 /etc/passwd /etc/shadow

/etc/passwd:test2:x:1100:1100::/test2:/bin/bash

/etc/shadow:test2:!:19782:0:99999:7:::

2. 用户密码

使用 useradd 命令创建用户账户后,还要为用户设置密码,以提高该账户的安全性。可以通过 passwd 命令为用户设置密码并配置密码属性。

命令名称:passwd。

语法格式:passwd [option] user_name。

说明:为 user_name 用户设置密码并配置密码属性。

passwd 命令的选项及说明如表 3-5 所示。

表 3-5 passwd 命令的选项及说明

选项	说明
-n	设置密码最小生存天数,即/etc/shadow 文件中每条密码信息的第 4 个字段
-x	设置密码最大生存天数,即/etc/shadow 文件中每条密码信息的第 5 个字段
-w	设置密码需要变更前的警告天数,即/etc/shadow 文件中每条密码信息的第 6 个字段
-i	设置密码过期后的宽限天数,即/etc/shadow 文件中每条密码信息的第 7 个字段
-d	删除用户密码,若密码被锁定,则解除锁定
-S	显示用户的密码状态
-f	强制用户下次登录时必须修改密码
-l	锁定账户密码
-u	解锁账户密码

【例 3-6】为 test1 用户设置密码并配置密码属性。

[root@localhost ~]# passwd test1

更改用户 test1 的密码 。

新的密码:

重新输入新的密码:

passwd:所有的身份验证令牌已经成功更新。

[root@localhost ~]# grep test1 /etc/passwd /etc/shadow

/etc/passwd:test1:x:1002:1002::/home/test1:/bin/bash

/etc/shadow:test1:6nbIrLMydcOzPbKfV$.2HXGYFIl37XlUE9m5imE9PJYL9Tppn34Yo054J8Kv9quByAn5OKl7fGZX0PbcnnuI4B3jq7IxnVZmjbk0/t./:19782:0:99999:7:::

[root@localhost ~]# passwd -S test1   #显示密码相关参数

test1 PS 2024-02-29 0 99999 7 -1(密码已设置,使用 SHA512 算法。)

[root@localhost ~]# su - test1   #完全切换至 test1 用户,包括环境变量信息

```
[test1@localhost ~]$
```

注意：
- root 用户可以设置指定账户的密码，而普通用户只能设置自己的账户密码。
- 即使 root 用户设置的密码十分简单，且未通过字典检查，其仍然会起效。为了保证系统的安全性，设置密码时应遵守如下规定。
  - 密码不能与用户名相同。
  - 密码长度一般要超过 8 位。
  - 不要使用字典里的高频词汇作为密码。
  - 密码应由数字、大小写英文字母、特殊字符组成。
- su 命令用于切换用户身份，即在不退出当前用户登录的情况下，切换至其他用户，上述代码中的 "-" 表示完全切换至新用户（包括环境变量信息）；exit 命令用于退出用户登录。

【例 3-7】修改 test1 用户的密码，并配置属性：2 天内不能再次修改密码，15 天内必须修改密码，在密码过期 3 天前收到警告信息，在密码到期 5 天后账户失效。

```
[root@localhost ~]# passwd -n 2 -x 15 -w 3 -i 5 test1
调整用户密码老化数据 test1。
passwd: 操作成功
[root@localhost ~]# grep test1 /etc/passwd /etc/shadow
/etc/passwd:test1:x:1002:1002::/home/test1:/bin/bash
/etc/shadow:test1:$6$nbIrLMydcOzPbKfV$.2HXGYFIl37XlUE9m5imE9PJYL9Tppn34Yo054J8Kv9quByAn5OKl7fGZX0PbcnnuI4B3jq7IxnVZmjbk0/t./:19782:2:15:3:5::
[root@localhost ~]# passwd -S test1
test1 PS 2024-02-29 2 15 3 5 （密码已设置，使用 SHA512 算法。）
```

【例 3-8】锁定 test1 用户的密码。

```
[root@localhost ~]# passwd -l test1
锁定 test1 用户的密码 。
passwd: 操作成功
[root@localhost ~]# grep test1 /etc/passwd /etc/shadow
/etc/passwd:test1:x:1002:1002::/home/test1:/bin/bash
/etc/shadow:test1:!!$6$nbIrLMydcOzPbKfV$.2HXGYFIl37XlUE9m5imE9PJYL9Tppn34Yo054J8Kv9quByAn5OKl7fGZX0PbcnnuI4B3jq7IxnVZmjbk0/t./:19782:2:15:3:5::
[root@localhost ~]# passwd -S test1
test1 LK 2024-02-29 2 15 3 5 （密码已被锁定。）
```

3. 修改用户信息

用户账户创建成功后,可能信息不全,也可能存在设置错误,这就需要对用户的信息进行修改。可通过修改/etc/passwd 文件和/etc/shadow 文件实现用户信息修改(不推荐使用这种方法),也可通过 usermod 命令来修改用户信息。

命令名称:usermod。

语法格式:usermod [option] user_name。

说明:修改 user_name 的用户信息。

usermod 命令的选项及说明如表 3-6 所示。

表 3-6 usermod 命令的选项及说明

选项	说明
-l	修改用户账户名称
-u	修改用户 ID(UID)
-c	修改用户的备注信息
-g	修改用户所属主要组
-G	修改用户所属附加组
-s	设置用户 Shell
-e	修改密码有效期,即/etc/shadow 文件中每条密码信息的第 5 个字段
-f	修改密码过期后的宽限天数,即/etc/shadow 文件中每条密码信息的第 7 个字段
-L	锁定账户
-U	解锁账户
-d -m	连用,用于重新指定用户的家目录,并把原家目录中的内容迁移至新家目录中

【例 3-9】修改 test1 用户的账户名称为 Eulertest1,并修改其备注信息为 openEuler user。

```
[root@localhost ~]# usermod -l Eulertest1 -c "openEuler user" test1
[root@localhost ~]# grep test1 /etc/passwd /etc/shadow
/etc/passwd:Eulertest1:x:1002:1002:openEuler user:/home/test1:/bin/bash
/etc/shadow:Eulertest1:$6$nbIrLMydcOzPbKfV$.2HXGYFIl37XlUE9m5imE9PJYL9Tppn34Yo054J8Kv9quByAn5OKl7fGZX0PbcnnuI4B3jq7IxnVZmjbk0/t./:19782:2:15:3:5::
```

注意:只有 root 账户有权限修改用户信息。

【例 3-10】修改 Eulertest1 账户的密码有效期,使其在 2024 年 10 月 1 日失效。

```
[root@localhost ~]# usermod -e "2024-10-1" Eulertest1
[root@localhost ~]# grep test1 /etc/passwd /etc/shadow
/etc/passwd:Eulertest1:x:1002:1002:openEuler user:/home/test1:/bin/bash
```

/etc/shadow:Eulertest1:6nbIrLMydcOzPbKfV$.2HXGYFIl37XlUE9m5imE9PJYL9Tppn34Yo054J8Kv9quByAn5OKl7fGZX0PbcnnuI4B3jq7IxnVZmjbk0/t./.:19782:2:15:3:5:19997:

注意：19997 表示从 1970 年 1 月 1 日到 2024 年 10 月 1 日的天数。

4. 删除用户的账户

如果要对用户账户进行删除，则可通过直接修改/etc/passwd 文件和/etc/shadow 文件（不推荐使用这种方法），或者使用 userdel 命令实现。

命令名称：userdel。

语法格式：userdel [option] user_name。

说明：删除 user_name 用户的账户。

userdel 命令的选项及说明如表 3-7 所示。

表 3-7　userdel 命令的选项及说明

选项	说明
-f	强制删除用户相关的所有文件
-r	将用户的家目录和邮箱目录一起删除

【例 3-11】删除 Eulertest1 用户的账户。

```
[root@localhost ~]# userdel -r Eulertest1
[root@localhost ~]# grep test1 /etc/passwd /etc/shadow    #相应配置文件中已无记录
[root@localhost ~]# ls -l /home                            #已无相应家目录
总用量 28
drwx------. 2 cloud23  cloud23   4096  9 月  25  22:06 cloud23
drwx------. 2 1003     1004      4096  2 月  29  13:31 Eulertest1
drwx------. 2 root     root     16384  7 月  18   202  lost+found
drwx------. 2 zlf      zlf       4096  7 月  18  2023 zlf
```

注意：在默认情况下，删除用户账户时所有配置文件中的用户信息均会被删除，但家目录及其相关文件不会被删除。要想完整删除这些信息，则需要使用-r 选项。

3.2　组的基础知识

在 openEuler 操作系统中，为了便捷、高效地管理用户，可以将具有相同特性的用户组成逻辑集合。我们将这个逻辑集合称为组，如果把某些权限赋予组，那么组中的成员用户便可自动获得这些权限。

3.2.1 组基础

1. GID

在 openEuler 操作系统中,每个组都会被分配一个唯一的标识符,即 GID(Group ID),系统通过 GID 来区分不同的组及其所属的类别。

id 命令可用于查看某个组的 GID 及该组拥有的用户数量。

【例 3-12】查看当前用户的组信息。

```
[root@localhost ~]# id
用户 id=0(root) 组 id=0(root) 组=0(root)
```

2. 组分类

openEuler 操作系统下有超级用户、虚拟用户和普通用户三类用户,同样也有三类组,即超级组、虚拟组和普通组。GID 是组的唯一标识符,可以通过 GID 区分不同的组及其所属的类别。

(1) 超级组:也称为 root 组,GID 为 0,该组中的用户是超级用户。

(2) 虚拟组:也称为系统组,GID 为 1~999 之间的数,该组中的用户一般是虚拟用户。

(3) 普通组:也称为一般组,GID 为 1000~60000 之间的数,该组中可以加入多个用户。

注意:用户和组之间的关系具有多样性,其描述如表 3-8 所示。当一个用户存在于多个组中时,其中有且仅有一个主要组,其他均为附加组。在创建用户时,可以为其指定主要组,若未指定,则系统会为该用户创建一个同名的主要组。

表 3-8 用户和组之间的关系及其描述

关系	描述
一对一	一个用户存在于一个组中,是组中的唯一成员
一对多	一个用户存在于多个组中,具备多个组的权限
多对一	多个用户存在于一个组中,这些用户具有和所在组相同的权限
多对多	多个用户存在于多个组中,是以上三种关系的扩展

3. 组账户信息文件/etc/group

openEuler 操作系统把组账户及相关信息(不包括密码)存放在配置文件/etc/group 中,该文件中保存着系统中所有组的主要信息,每一行代表一组账户,每组账户信息由 4 个字段构成(各字段之间以":"分隔),各字段的含义如图 3-3 和表 3-9 所示。

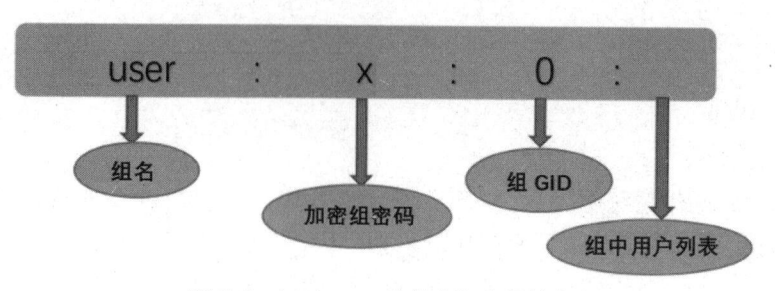

图 3-3 /etc/group 文件中各字段的含义

表 3-9 /etc/group 文件中各字段的含义

序号	字段含义
1	组名，组名字符可以是大小写英文字母、数字、减号、点及下画线，其他符号不合法
2	加密组密码，用"x"表示，具体密码需要到对应的/etc/gshadow 文件中查看
3	组 GID，用来对组进行识别，从而判断组类别
4	组中用户列表，用于列出组中的所有用户

【例 3-13】查看/etc/group 文件的属性和前 5 组账户信息。

```
[root@localhost ~]# ll /etc/group
-rw-r--r--. 1 root root 810  3月   1 01:39 /etc/group
[root@localhost ~]# head -5 /etc/group
root:x:0:
bin:x:1:
daemon:x:2:
sys:x:3:
adm:x:4:
```

4. 组密码文件/etc/gshadow

openEuler 操作系统把组加密后的密码及其相关信息单独保存在配置文件/etc/gshadow 中，该文件中保存着系统中所有组的与密码和时效有关的信息，每一行代表一个组的密码信息，每条密码信息由 4 个字段构成（各字段之间以":"分隔），各字段的含义如图 3-4 和表 3-10 所示。

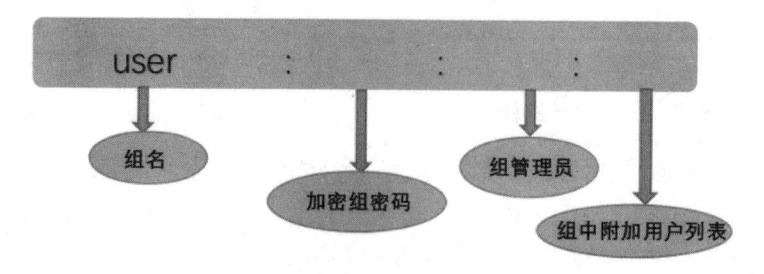

图 3-4 /etc/gshadow 文件中各字段的含义

表 3-10 /etc/gshadow 文件中各字段的含义

序号	字段含义
1	组名，与/etc/group 文件中的组名相对应
2	加密组密码，一般不设置组密码
3	组管理员，可以为空，也可以为多个用户，如果有多个组管理员，则各组管理员之间用","分隔
4	组中附加用户列表，用于列出组中的所有附加用户

【例 3-14】查看/etc/gshadow 文件的属性和前 5 组密码信息。

[root@localhost ~]# ll /etc/gshadow

----------. 1 root root 650 3 月 1 01:39 /etc/gshadow

[root@localhost ~]# head -5 /etc/gshadow

root:::

bin:::

daemon:::

sys:::

adm:::

注意：/etc/gshadow 文件同/etc/shadow 文件一样，预设属性也是"----------"。只有超级用户对该文件具有读权限，其他用户无任何权限，这可以保证组密码等信息的安全性。

3.2.2 组管理

/etc/passwd 文件中每条用户信息由 7 个字段构成，其中，第 4 个字段是用户所属的主要组（每个用户所属的主要组只有一个）。用户加入的其他组是用户的附加组，附加组可以有多个。

管理组是系统安全管理的重要组成部分。可以通过相应的操作命令对组进行增、删、改、查和组管理等操作。

1. 创建组

创建组就是在系统中新建一个组，并为新组分配 GID。可以使用 groupadd 命令创建新组。

命令名称：groupadd。

语法格式：groupadd [option] group_name。

说明：创建 group_name 组。

groupadd 命令的选项及说明如表 3-11 所示。

表 3-11 groupadd 命令的选项及说明

选项	说明
-g	指定组的 GID
-r	创建系统组
-o	允许创建有重复 GID 的组
-f	如果组已存在，则退出
-p	为组设置加密过的密码

【例 3-15】创建 group1 组。

```
[root@localhost ~]# groupadd group1
[root@localhost ~]# grep group1  /etc/group /etc/gshadow
/etc/group:group1:x:1101:
/etc/gshadow:group1:!::
```

注意：
- 只有 root 账户才有权限执行 groupadd 命令。
- 每创建一个新组，GID 的值便会自动加 1。

【例 3-16】创建 group2 组，并指定其 GID 为 1600。

```
[root@localhost ~]# groupadd -g 1600 group2
[root@localhost ~]# grep group2  /etc/group /etc/gshadow
/etc/group:group2:x:1600:
/etc/gshadow:group2:!::
[root@localhost ~]# groupadd -g 1600 group3
groupadd：GID "1600" 已经存在
```

2. 修改组

groupmod 命令用于修改组的相关信息，如修改组的 GID、组名和加密组密码等；gpasswd 命令用于设置组的管理员，以及往组中加入用户或从组中移除用户（usermod 命令同样可实现组中用户的增减功能）。

（1）groupmod 命令。

命令名称：groupmod。

语法格式：groupmod [option] group_name。

说明：修改 group_name 组。

groupmod 命令的选项及说明如表 3-12 所示。

表 3-12 groupmod 命令的选项及说明

选项	说明
-g	修改组的 GID
-n	修改组名
-o	允许使用重复的 GID
-p	为组更改加密过的密码

【例 3-17】修改 group2 组的 GID 为 1601，并将其组名修改为 Eulergroup2。

```
[root@localhost ~]# groupmod -g 1601 -n Eulergroup2 group2
[root@localhost ~]# grep group2   /etc/group /etc/gshadow
/etc/group:Eulergroup2:x:1601:
/etc/gshadow:Eulergroup2:!::
```

（2）gpasswd 命令。

命令名称：gpasswd。

语法格式：gpasswd [option] group_name。

说明：设置 group_name 组的管理员或管理组。

gpasswd 命令的选项及说明如表 3-13 所示。

表 3-13 gpasswd 命令的选项及说明

选项	说明
-A	设置组的管理员
-M	设置组的成员
-a	往组中加入用户
-d	从组中移除用户
-r	删除组的密码

【例 3-18】首先把 test2 用户加入 Eulergroup2 组和 group1 组中，然后将该用户从 Eulergroup2 组中移除。

```
[root@localhost ~]# id test2
用户 id=1100(test2) 组 id=1100(test2) 组=1100(test2)
[root@localhost ~]# usermod -G Eulergroup2 test2    #使用 usermod 命令，将用户加入 Eulergroup2 组
[root@localhost ~]# grep group2   /etc/group /etc/gshadow
/etc/group:Eulergroup2:x:1601:test2
/etc/gshadow:Eulergroup2:!::test2
[root@localhost ~]# gpasswd -a test2 group1        #使用 gpasswd -a 命令，将用户加入 group1 组
正在将用户"test2"加入"group1"组
[root@localhost ~]# grep group   /etc/group /etc/gshadow
```

```
/etc/group:group1:x:1101:test2
/etc/group:Eulergroup2:x:1601:test2
/etc/gshadow:group1:!::test2
/etc/gshadow:Eulergroup2:!::test2
[root@localhost ~]# id test2
用户 id=1100(test2) 组 id=1100(test2) 组=1100(test2),1101(group1),1601(Eulergroup2)
[root@localhost ~]# gpasswd -d test2 Eulergroup2
正在将用户"test2"从"Eulergroup2"组中移除
[root@localhost ~]# id test2
用户 id=1100(test2) 组 id=1100(test2) 组=1100(test2),1101(group1)
```

3. 删除组

groupdel 命令用于删除组。

命令名称：groupdel。

语法格式：groupdel [option] group_name。

说明：删除 group_name 组。

groupdel 命令的选项及说明如表 3-14 所示。

表 3-14 groupdel 命令的选项及说明

选项	说明
-f	强制删除组（可以删除用户所属的主要组）

【例 3-19】删除 Eulergroup2 组。

```
[root@localhost ~]# groupdel -f Eulergroup2
[root@localhost ~]# grep group2    /etc/group /etc/gshadow
[root@localhost ~]
```

3.3 权限的基础知识

管理权限的学习

管理权限是 openEuler 操作系统的特色之一，优秀的权限管理机制为 openEuler 操作系统的安全性提供了可靠的保障。权限管理可以针对用户，也可以针对文件，但通常是针对文件的。

3.3.1 权限基础

每个文件或目录都具有特定的所有权和读、写、执行权限，设置权限规则可以限制什么用户、什么组可以对特定的文件执行什么样的操作,以保证系统的安全。

【例 3-20】在当前用户的家目录下,创建目录文件 a1 和普通文件 a2,在 a2 下同步创建目录文件 ad 和普通文件 af,查看以上 4 个文件的详细信息。

```
[root@localhost ~]# pwd
/root
[root@localhost ~]# mkdir a1
[root@localhost ~]# touch a2
[root@localhost ~]# mkdir a2/ad
[root@localhost ~]# touch a2/af
[root@localhost ~]# ls -lR
总用量 116
drwxr-xr-x. 4 root root    4096   4 月 23 11:59 a1
-rw-r--r--. 1 root root       0   4 月 23 11:59 a2
……
./a1:
总用量 8
drwxr-xr-x. 2 root root 4096   4 月 23 11:59 ad
drwxr-xr-x. 2 root root 4096   4 月 23 11:59 af
```

ls -l 命令可用于显示文件的详细信息,其中各字段的含义及说明如图 3-5 和表 3-15 所示。

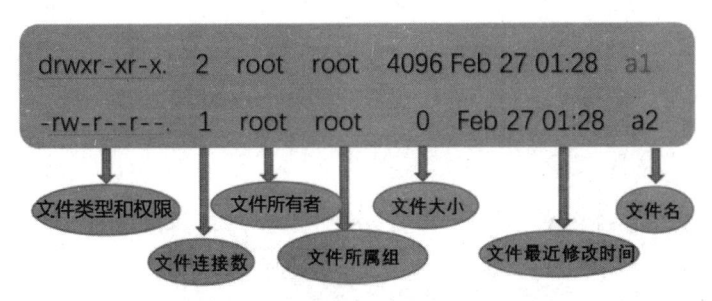

图 3-5 文件详细信息中各字段的含义及说明

表 3-15 文件详细信息中各字段的含义及说明

序号	字段含义	说明
1	文件类型和权限	此字段由 10 个字符组成: ● 第 1 个字符代表文件类型。 ● 第 2~10 个字符用来表示文件权限,其中: ➤ 第 2~4 个字符为一组,表示文件所有者的读(r)、写(w)、执行(x)权限,无权限用-表示; ➤ 第 5~7 个字符为一组,表示文件所有者的所属组中的用户的读(r)、写(w)、执行(x)权限,无权限用-表示; ➤ 第 8~10 个字符为一组,表示其他用户的读(r)、写(w)、执行(x)权限,无权限用-表示

续表

序号	字段含义	说明
2	文件连接数	连接到此节点的文件数量
3	文件所有者	文件的所有者
4	文件所属组	文件的所属组
5	文件大小	文件容量大小，默认单位为 B
6	文件最近修改时间	文件进行最近一次修改的时间
7	文件名	文件的文件名

注意：

- 使用 ls -l 命令可以显示文件的详细信息，从显示的信息中可以看出，a1 为目录文件，文件所有者拥有读、写、执行权限，同组用户和其他用户拥有读、执行权限；a2 为普通文件，文件所有者拥有读、写权限，同组用户和其他用户仅有读权限。
- 目录权限的含义如下。

    r：可以查看目录结构列表。

    w：可以更改目录结构列表，即有创建、修改、移动或删除目录内文件的权限。

    x：可以进入目录。

- 文件权限的含义如下。

    r：可以读取文件的具体内容。

    w：可以编辑文件内容，即有增加、修改和删除文件内容的权限。

    x：可以执行文件。

3.3.2 权限管理

openEuler 操作系统将文件权限分为三级，即文件所有者、文件所属组和其他。文件具有三种普通权限，即读、写、执行。系统通过更改文件所有者、文件所属组和设置文件权限来灵活配置权限规则，从而保证自身的安全。

1. 更改文件的属主

更改文件的属主（即文件所有者）可以改变用户的文件权限，可通过 chown 命令实现此功能。

命令名称：chown。

语法格式：chown [options][owner][:group] file。

说明：更改文件的属主和属组。

chown 命令的选项及说明如表 3-16 所示。

表 3-16　chown 命令的选项及说明

选项	说明
-R	递归修改整个目录

【例 3-21】更改 a2 文件的属主为 test2。

```
[root@localhost ~]# ll a2
-rw-r--r--. 1 root root      0  3月  1 04:05 a2
[root@localhost ~]# chown test2 a2
[root@localhost ~]# ll a2
-rw-r--r--. 1 test2 root     0  3月  1 04:05 a2
```

注意：
- 只有 root 账户才有权限执行 chown 命令。
- 指定的文件的新属主必须存在。
- chown 命令既可以只更改文件的属主，也可以只更改文件的属组，还可以两者皆更改。

【例 3-22】更改整个 a1 目录的属主为 test2，并更改其属组为 test2。

```
[root@localhost ~]# ll
drwxr-xr-x. 2 root   root   4096  3月  1 04:05 a1
-rw-r--r--. 1 test2  root      0  3月  1 04:05 a2
[root@localhost ~]# chown -R   test2:test2 a1
[root@localhost ~]# ll
drwxr-xr-x. 2 test2 test2  4096  3月  1 04:05 a1
-rw-r--r--. 1 test2 root      0  3月  1 04:05 a2
```

注意：
- 指定的属主和属组要存在。
- 若要更改整个目录，则需要加上 -R 选项。
- 如果只更改目录的属组，则可使用":group"命令。

2. 更改文件的属组

更改文件的属组（即文件的所属组）可以改变用户的文件权限，可通过 chgrp 命令实现此功能。

命令名称：chgrp。

语法格式：chgrp [options][group] file。

说明：更改文件的属组。

chgrp 命令的选项及说明如表 3-17 所示。

表 3-17　chgrp 命令的选项及说明

选项	说明
-R	递归修改整个目录

【例 3-23】更改整个 a1 目录的属组为 root。

```
[root@localhost ~]# chgrp -R root a1
[root@localhost ~]# ll
drwxr-xr-x. 2 test2 root    4096   3月   1 04:05 a1
-rw-r--r--. 1 test2 root       0   3月   1 04:05 a2
```

注意：
- 只有 root 账户才有权限执行 chgrp 命令。
- 指定的新属组必须存在。
- 若要更改整个目录的属组，则需要加上-R 选项。

3. 更改文件的权限

更改文件的三级权限可以改变用户的文件权限，可通过 chmod 命令实现此功能。

命令名称：chmod。

语法格式：chmod [options] mode file。

说明：更改文件的权限。

其中，mode 为要设置的权限值，有字母表示法和数字表示法两种表示方法。

（1）字母表示法。

字母表示法的形式：[操作对象]<操作符>[权限]。

字母表示法的操作对象、操作符及权限如表 3-18 所示。

表 3-18　字母表示法的操作对象、操作符及权限

操作对象	操作符	权限
u 表示文件的属主用户	+表示添加某权限； -表示取消某权限； =表示赋予某权限	r 表示读权限
g 表示文件的属组用户		w 表示写权限
o 表示文件的其他用户		x 表示执行权限
a 表示所有用户		-表示没有权限

【例 3-24】修改 a2 的文件权限为允许所有人写，且除属主外，所有用户均没有执行权限。

```
[root@localhost ~]# ll a2
-rw-r--r--. 1 test2 root 0   3月   1 04:05 a2
```

```
[root@localhost ~]# chmod a+w,u+x,go-x a2
[root@localhost ~]# ll a2
-rwxrw-rw-. 1 test2 root 0  3月   1 04:05 a2
```

注意：只有 root 账户和文件的属主才能执行 chmod 命令。

【例 3-25】修改 a1 目录下的所有文件的权限为允许所有人写。

```
[root@localhost ~]# ll -R a1
drwxr-xr-x. 2 root root 4096  3月   1 04:48 ad
-rw-r--r--. 1 root root    0  3月   1 04:51 af
[root@localhost ~]# chmod -R a+w a1/*
[root@localhost ~]# ll -R a1
drwxrwxrwx. 2 root root 4096  3月   1 04:48 ad
-rw-rw-rw-. 1 root root    0  3月   1 04:51 af
```

注意：
- 使用 chmod 命令修改目录权限时，用 "*" 来表示目录中的所有文件。
- 如果目录中包含子目录，则需要使用 -R 选项递归目录。

（2）数字表示法。

数字表示法将读权限、写权限、执行权限分别用数字 4、2、1 来表示，将没有授予权限的部分用数字 0 来表示，把代表所授予权限的数字相加，即可得到文件的权限。

【例 3-26】查看 a3 文件的权限。

```
[root@localhost ~]# touch a3
[root@localhost ~]# ll a3
-rw-r--r--. 1 root root 0  3月   1 05:05 a3
```

注意：若用数字表示法，则 a3 文件的权限为 644，其计算过程如表 3-19 所示。

表 3-19 a3 文件的权限的计算过程

位置	权限	数字	说明
第 2、3、4 位	rw-	4+2+0=6	文件的属主有读、写权限
第 5、6、7 位	r--	4+0+0=4	文件的属组仅有读权限
第 8、9、10 位	r--	4+0+0=4	文件的其他用户仅有读权限

【例 3-27】修改 a3 文件的权限，给所有人加上写权限。

```
[root@localhost ~]# ll a3
-rw-r--r--. 1 root root 0  3月   1 05:05 a3
[root@localhost ~]# chmod +222 a3
```

[root@localhost ~]# ll a3

-rw-rw-rw-. 1 root root 0   3月   1 05:05 a3

【例 3-28】 修改 a1 目录下的所有文件的权限，取消属组和其他用户的写权限。

[root@localhost ~]# ll -R a1

drwxrwxrwx. 2 root root 4096   3月   1 04:48 ad

-rw-rw-rw-. 1 root root   0   3月   1 04:51 af

[root@localhost ~]# chmod -R -022 a1/*

[root@localhost ~]# ll -R a1

drwxr-xr-x. 2 root root 4096   3月   1 04:48 ad

-rw-r--r--. 1 root root   0   3月   1 04:51 af

自学自测

一．选择题

1. 以下用于保存用户账户信息的是（   ）文件。

    A．/etc/passwd   B．/etc/users   C．/etc/gshadow   D．/etc/shadow

2. 为了保证系统的安全，openEuler 操作系统将 /etc/passwd 文件中的密码加密后保存到（   ）文件中。

    A．/etc/group   B．/etc/netgroup

    C．/etc/libsafe.notify   D．/etc/shadow

3. 以下用于保存组账户信息的是（   ）文件。

    A．/etc/passwd   B．/etc/group

    C．/etc/gshadow   D．/etc/shadow

4. 在 openEuler 操作系统默认的情况下，以下 UID 中隶属普通用户的是（   ）。

    A．0   B．200   C．800   D．1200

5. 在使用 ls -al 命令列出的以下文件列表中，（   ）是符号链接文件。

    A．-rw------ 2 hel-s users   56 Sep 09 11:05 hello

    B．-rw------ 2 hel-s users   56 Sep 09 11:05 goodbey

    C．drwx----- 1 hel   users 1024 Sep 10 08:10 zhang

    D．lrwx----- 1 hel   users 2024 Sep 12 08:12 cheng

6. （   ）命令可用于删除用户并同时删除用户的家目录。

    A．rmuser –r   B．deluser –r

    C．userdel –r   D．usermgr –r

7. 用户登录系统后首先进入（   ）。

A．/home   B．/root 的家目录
C．/usr   D．用户自己的家目录

8．系统管理员应该采取的安全措施是（　　）。
A．把 root 密码告诉每一位用户
B．通过设置 telnet 服务来提供远程系统维护
C．经常检测账户数量、内存信息和磁盘信息
D．当员工辞职后，无须删除该用户账户

9．（　　）命令可用于检测用户 lisa 的信息。
A．id lisa   B．gr lisa /etc/passwd
C．find lisa /etc/passwd   D．who lisa

10．某文件的其他用户的权限是只读，属主具有全部权限，属组的权限为读与写，则该文件的权限使用数字表示法是（　　）。
A．467　　　B．674　　　C．476　　　D．764

二、填空题

1．由于所有用户对/etc/passwd 文件均有_____权限，因此为了增强系统的安全性，用户经过加密之后的口令被存放在_____文件中，且只对_____用户可读。组账户的信息被存放在_____文件中，关于组管理的信息（组口令、组管理员等）则被存放在_____文件中。

2．若查看/etc/passwd 文件时，发现其中第 2 个字段的信息为 x，则代表_____。

3．openEuler 操作系统根据 UID，将用户分为_____、_____和_____三种类别。

4．root 组的 GID 是_____，GID 为 1200 的是_____组。

5．创建 user01 用户，手动设置其家目录、UID（1010）和 Shell 的命令为
____ ____1010 ____/home/user01 ____/bin/bash ____

6．修改 a3 文件的权限为允许所有人写，且所有人都没有执行权限的命令为
____ ____+____ a-____ a3

> 课中实训

任务 3.1　管理用户和组

1．任务要求

掌握管理用户和组的命令，学会对用户和组进行增加、修改、删除等操作，能够理解

用户和组管理是系统安全管理的重要组成部分这一说法的含义。

2. 任务实施

（1）创建 cloudg 组，首先将其 GID 指定为 2023，然后将其 GID 修改为 2024，组名修改为 cloudgrp。

```
[root@localhost ~]# groupadd -g 2023 cloudg
[root@localhost ~]# grep cloudg /etc/group
cloudg:x:2023:

[root@localhost ~]# groupmod -g 2024 -n cloudgrp cloudg
[root@localhost ~]# grep cloudgrp /etc/group
cloudgrp:x:2024:
```

（2）创建 cloud1 用户，将其 UID 指定为 2000，设置其附属组为 cloudgrp。

```
[root@localhost ~]# useradd -u 2000 -G cloudgrp cloud1
[root@localhost ~]# id cloud1
用户 id=2000(cloud1) 组 id=2000(cloud1) 组=2000(cloud1),2024(cloudgrp)
```

（3）创建 cloud2 用户，将其家目录指定为/cloud2，设置其附属组为 cloudgrp。

```
[root@localhost ~]# useradd  -d /cloud2 -G cloudgrp cloud2
[root@localhost ~]# id cloud2
用户 id=2001(cloud2) 组 id=2001(cloud2) 组=2001(cloud2),2024(cloudgrp)
```

（4）创建 cloud3 用户，设置其权限为不可以登录主机。

```
[root@localhost ~]# useradd -s /sbin/nologin cloud3
```

（5）将 cloud1 用户的密码设置为 Password1!，修改密码最大生存天数为 30 天，并配置密码属性为在密码过期前 3 天收到警告信息。

```
[root@localhost ~]# passwd cloud1
更改用户 cloud1 的密码 。
新的密码：
无效的密码： 密码未通过字典检查 - 它基于一个字典中的词
重新输入新的密码：
passwd：所有的身份验证令牌已经成功更新。
[root@localhost ~]# grep cloud1 /etc/shadow
cloud1:$6$y9VWRdg9AWrp1tZV$mZA1tEMJlwgPDZ75/8se2L2pLhy0xE227x0X39fy8Dxams.YtGChE
L2gz66PSx38EsvFLJKSGaEdcqSO3nRUz0:19782:0:99999:7:::

[root@localhost ~]# passwd -f -x 30 -w 3 cloud1
```

调整用户密码老化数据 cloud1。

passwd：操作成功

[root@localhost ~]# grep cloud1 /etc/shadow

cloud1:6y9VWRdg9AWrp1tZV$mZA1tEMJlwgPDZ75/8se2L2pLhy0xE227x0X39fy8Dxams.YtGChEL2gz66PSx38EsvFLJKSGaEdcqSO3nRUz0:19782:0:30:3:::

（6）将 cloud2 用户加入 root 组中，使该组成为其附属组，并将该用户的家目录移至 /home/cloud2 目录下，验证后，暂时锁定 cloud2 用户。

[root@localhost ~]# gpasswd -a cloud2 root

正在将用户"cloud2"加入"root"组中

[root@localhost ~]# id cloud2

用户 id=2001(cloud2) 组 id=2001(cloud2) 组=2001(cloud2),0(root),2024(cloudgrp)

[root@localhost ~]# usermod -md /home/cloud2 cloud2

[root@localhost ~]# grep cloud2 /etc/passwd

cloud23:x:1001:1001::/home/cloud23:/bin/bash

cloud2:x:2001:2001::/home/cloud2:/bin/bash

[root@localhost ~]# usermod -L cloud2

[root@localhost ~]# grep cloud2 /etc/shadow

cloud23:cloud23:19625:6:60:5:4:3:

cloud2:!:19782:0:99999:7:::

[root@localhost ~]# passwd -S cloud2

cloud2 LK 2024-02-29 0 99999 7 -1 (密码已被锁定。)

（7）将 cloud2 用户从 root 组中移除，之后删除用户 cloud2 和 cloud3。

[root@localhost ~]# gpasswd -d cloud2 root

正在将用户"cloud2"从"root"组中移除

[root@localhost ~]# userdel -r cloud2

[root@localhost ~]# userdel -r cloud3

（8）删除 cloudgrp 组。

[root@localhost ~]# groupdel cloudgrp

任务 3.2　管理权限

1. 任务要求

掌握权限设置命令，学会在用户和组中对文件权限进行增加、修改和删除，理解什么用户、什么组可以对特定文件执行什么样的操作。

2. 任务实施

（1）设置 a 文件的权限为允许任何人执行任何操作。

[root@localhost ~]# touch a

[root@localhost ~]# ll a

-rw-r--r--. 1 root root 0   3月   1 07:28 a

[root@localhost ~]# chmod a+rwx a

[root@localhost ~]# ll a

-rwxrwxrwx. 1 root root 0   3月   1 07:28 a

（2）取消 a 文件的属主的执行权限，取消同组用户和其他用户的写权限和执行权限。

[root@localhost ~]# chmod u-x,go-wx a

[root@localhost ~]# ll a

-rw-r--r--. 1 root root 0   3月   1 07:28 a

（3）修改 a 文件的属主为 cloud1 用户。

[root@localhost ~]# chown cloud1 a

[root@localhost ~]# ll a

-rw-r--r--. 1 cloud1 root 0   3月   1 07:28 a

（4）修改 a 文件的属组为 cloud1 组。

[root@localhost ~]# chgrp cloud1 a

[root@localhost ~]# ll a

-rw-r--r--. 1 cloud1 cloud1 0   3月   1 07:28 a

评价反馈

学生自评表

班级		姓名		学号	
项目三	管理用户、组和权限				
评价项目	评价标准			分值	得分
管理用户和组	完成用户管理及组管理			50	
管理权限	完成权限管理			50	
合计				100	

教师评价表

班级		姓名		学号	
项目三	管理用户、组和权限				
评价项目	评价标准			分值	得分
职业素养	无迟到早退，遵守纪律			10	
	能在团队协作过程中发挥引领作用			10	
	对任务中出现的问题具有探究精神，能解决问题并举一反三			10	
工作过程	能按计划实施工作任务			10	
工作质量	能按照要求，保质保量地完成工作任务			50	
工作态度	能认真预习、完成和复习工作任务			10	
	合计			100	

课后提升

配置文件的 ACL

如果希望对某个指定的用户进行单独的权限控制，则需要用到文件的 ACL（Access Control List，访问控制列表），在 Linux 操作系统中，可以通过 getfacl 命令和 setfacl 命令来获取、配置文件的 ACL。

切换至 cloud1 用户，查看/root 目录的 ACL 规则，此时能否成功进入/root 目录？

（1）切换至 cloud1 用户。

```
[root@localhost ~]# su - cloud1
上一次登录：五 3月  1 06:44:31 CST 2024 tty2 上
```

（2）查看/root 目录的 ACL 规则。

```
[cloud1@localhost ~]$ getfacl /root
getfacl: Removing leading '/' from absolute path names
# file: root
# owner: root
# group: root
user::r-x
group::r-x
other::---
```

（3）进入/root 目录遭到拒绝。因 cloud1 用户没有权限，故其不能进入/root 目录。

```
[cloud1@localhost ~]$ cd /root
-bash: cd: /root: Permission denied        #进入/root 目录遭到拒绝
```

配置 ACL，使 cloud1 用户对/root 目录有读、执行权限，再次尝试进入/root 目录，观察能否成功。

（1）配置 ACL，使 cloud1 用户对/root 目录有读、执行权限。

[root@localhost ~]# setfacl -Rm cloud1:rx /root

[root@localhost ~]# getfacl /root

getfacl: Removing leading '/' from absolute path names

\# file: root

\# owner: root

\# group: root

user::r-x

user:cloud1:r-x　　　　　　　　#配置 ACL，使 cloud1 用户对/root 目录有读、执行权限

group::r-x

mask::r-x

other©::---

（2）再次尝试，cloud1 用户可成功进入/root 目录。

[root@localhost ~]# su - cloud1　　　　　　　　#切换至 cloud1 用户

上一次登录：五 3月　8 16:16:01 CST 2024 pts/0 上

[cloud1@localhost ~]$ cd /root　　　　　　　　#进入/root 目录成功

[cloud1@localhost root]$ ll

总用量 132

-rw-r-xr--+ 1 cloud1 cloud1　　　0　3月　1 07:28 a

drwxrwxrwx+ 3 test2　root　4096　3月　1 04:51 a1f

项目四　管理软件包与系统服务

项目需求

张三所在公司的开发部承接了一个新的项目，项目的开发和运行环境为 openEuler 操作系统，开发语言为 C 语言和 Java 语言。基于开发部的业务需要，现要在 openEuler 操作系统上安装 gcc 软件包和 jdk 软件包，从而为 C 语言和 Java 语言开发环境的搭建提供支持。部门领导准备让张三负责在 openEuler 操作系统上安装 gcc 软件包和 jdk 软件包。

项目目标

1. 思政目标

（1）通过讲解软件包管理机制（如 RPM/YUM）在国产化适配中的应用，激发学生突破核心技术壁垒的创新热情，助力科技自立自强。

（2）结合 GPL、Apache 等开源协议，引导学生抵制盗版、尊重开源贡献者权益，践行社会主义核心价值观中的诚信准则，营造健康的软件产业生态。

（3）通过讲解软件与服务的依赖关系，培养学生"统筹兼顾、精准施策"的系统治理思维，提升其跨领域协同及全周期管理的能力。

2. 知识目标

（1）了解 RPM 软件包。
（2）了解 YUM/DNF 工具。
（3）理解进程管理的概念。
（4）理解 Systemd 系统服务管理的概念。

3. 能力目标

（1）能使用 rpm 命令管理 RPM 软件包。
（2）能使用 YUM/DNF 工具管理软件包。
（3）掌握进程管理的相关操作。
（4）能使用 systemctl 命令管理系统服务。

思维导图

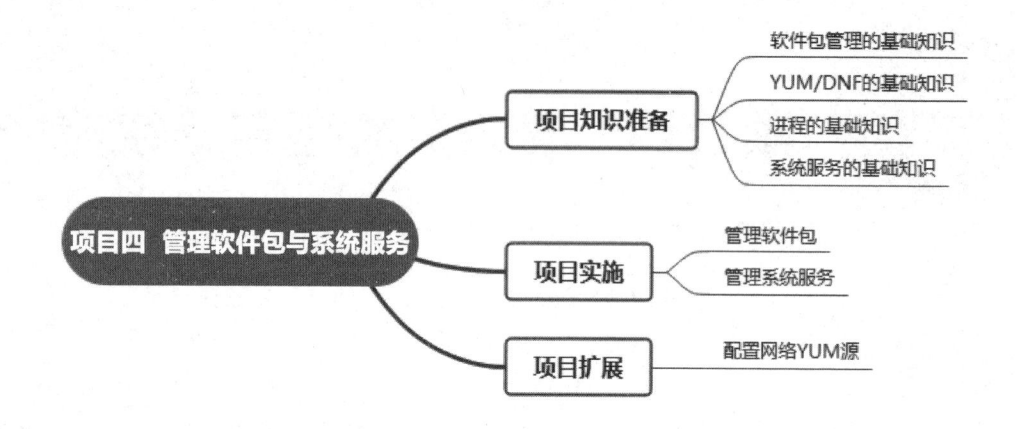

- 项目四 管理软件包与系统服务
  - 项目知识准备
    - 软件包管理的基础知识
    - YUM/DNF的基础知识
    - 进程的基础知识
    - 系统服务的基础知识
  - 项目实施
    - 管理软件包
    - 管理系统服务
  - 项目扩展
    - 配置网络YUM源

课前自学——项目知识准备

思政案例

开源精神与知识产权

开源精神是一种软件开发者文化，拿来、分享是开源精神的核心。与许多行业不同的是，软件开发行业具有迭代更新速度极快的特点，且每一次开发都无法脱离对初始源代码的改编。如果使用传统授权的方式，则将大大降低软件开发的效率，并使整个行业停滞不前，这就是开源精神产生的原因。

开源精神鼓励软件著作权人通过自由选择，放弃法律赋予其的部分软件著作权，开放源代码，分享其开发成果，允许他人在特定条件下使用、复制、修改其代码，以分享软件中的知识、思想、算法，进而推动整个行业的快速发展。

开源精神产生的直接原因是软件著作权人愿意放弃法律赋予自己的某些软件著作权。虽然这种不愿意享有某些著作权的愿望和他们实际采取的行动会让法律的规定在某种程度上看起来"形同虚设"，并让我们感觉对知识产权造成了某种程度的削弱，但需要强调的是，这种削弱远算不上冲击。开源精神只是部分软件著作权人（而非大多数软件著作权人）的愿望，有很多软件著作权人依然希望自己开发的软件受到法律的保护。可能略有不同的是，那些崇尚开源精神的软件著作权人看中的是软件开发过程中的知识财富，而那些要求软件作品受到法律保护的软件著作权人看中的是软件作品专有权带来的物质财富。无论是看中知识财富的软件著作权人，还是看中软件作品专有权带来的物质财富的软件著作权人，他们在最终对社会的贡献上殊途同归，都促进了经济的发展和软件文化的进步。

4.1 软件包管理的基础知识

在 openEuler 操作系统中，我们会进行一些软件的安装并对一些服务或软件进行配置，这就需要我们在操作系统中进行软件包管理。

4.1.1 认识 RPM 软件包

在使用 RPM 软件包之前，我们先了解一下软件包的种类及 RPM 软件包的通用命名规则。

1. 软件包的种类

Linux 操作系统中常见的软件包分为两种：源码包和二进制包。

（1）源码包：编程人员编写的代码文件没有经过编译的包，需要经过 gcc、Java 等编译器编译后，才能在系统上运行。源码包一般是后缀名为.tar.gz、.zip、.rar 的文件。

（2）二进制包：已经编译好的，可以直接安装使用的包，如后缀名为.rpm 的文件。

作为标准的软件包管理工具，RPM 具有便捷的安装方式，也是安装软件的首选方式。OpenLinux、SUSE、CentOS 等不同的发行版均使用 RPM 来对软件包进行管理。不同的平台采用的软件包的打包格式及工具不同，其中，Debian 和 Ubuntu 是采用 Deb 包安装及 apt-get 源安装的方式来对软件包进行管理的，而 FreeBSD 是采用 ports.txz 的打包格式及 pkg 工具对软件包进行管理的。

2. RPM 软件包的通用命名规则

RPM 是一种用于互联网下载包的打包和自动安装工具，会生成具有.rpm 扩展名的文件，可用于对应用程序进行安装、卸载和维护。

RPM 软件包的命名格式为 name-version-release.arch.rpm，其中各项的含义如图 4-1 所示。

图 4-1 RPM 软件包的命名格式及各项含义

3. RPM 软件包管理的优点

(1) 简单便捷,兼容众多版本。

(2) 参数信息是记录在数据库中的,便于在查询、升级或卸载软件时使用。

4. RPM 软件包管理的缺点

(1) 安装环境需要与打包环境一致。

(2) 具有很强的依赖关系,卸载软件时需要对依赖性软件优先处理,否则会导致其他软件无法正常使用。

4.1.2 rpm 命令的应用

认识 yum、dnf 命令

rpm 命令常用于安装、删除、升级、刷新和查询场景。

语法格式:rpm [选项]。

rpm 命令的选项及说明如表 4-1 所示。

表 4-1 rpm 命令的选项及说明

选项	说明
-i	指定安装的软件包
-h	使用"#(hash)"符显示详细的安装过程及进度
-v	显示安装的详细过程
-U	升级指定的软件包
-q	查询系统是否已安装指定的软件包或查询指定 RPM 软件包的内容信息
-a	查询系统中已安装的所有软件包
-V	查询已安装的软件包的版本信息
-c	显示所有配置文件
-p	查询/校验一个软件包的文件
-e	删除软件包

【例 4-1】查询系统中已安装的所有软件包。

[root@localhost ~]# rpm -qa

【例 4-2】查询系统中/bin/vi 文件所属的软件包。

[root@localhost ~]# rpm -qf /bin/vi

【例 4-3】删除/bin/vi 文件,安装 vim 软件包并显示安装进度和安装的详细过程。

[root@localhost ~]# rm -rf /bin/vi

[root@localhost ~]# mount /dev/cdrom /media   //挂载光盘

[root@localhost ~]# cd /media/Packages

```
[root@localhost /media/Packages]# ls | grep vim
vim-minimal-9.0-23.oe2203sp3.x86_64.rpm
[root@localhost/media/Packages]#rpm -ivh vim-minimal-9.0-23.oe2203sp3.x86_64.rpm
```

导入系统光盘常用的方法如下。

(1) 导入 openEuler 操作系统镜像[请参考项目一的任务 1.2 中的步骤 (10)]。

(2) 使用传输应用软件, 上传 openEuler 操作系统镜像相应目录。

【例 4-4】安装 network-scripts 软件包。

```
[root@localhost ~]# mount   /dev/cdrom   /media
[root@localhost ~]# cd /media/Packages
[root@localhost Packages]# ls | grep network-scripts
network-scripts-10.17-2.oe2203sp3.x86_64.rpm
[root@localhost Packages]# rpm -ivh network-scripts-10.17-2.oe2203sp3.x86_64.rpm
```

【例 4-5】删除 network-scripts 软件包。

```
[root@localhost Packages]# rpm -e network-scripts-10.17-2.oe2203sp3.x86_64.rpm
```

4.2 YUM/DNF 的基础知识

4.2.1 认识 YUM/DNF 工具

Linux 操作系统的软件管理工具 YUM 是基于 RPM 软件包管理的, 其既可以作为软件仓库对软件包进行管理 (相当于一个"管家"), 又可以解决软件包间的依赖关系。既然如此, 为什么还会出现 DNF 工具呢?

YUM 工具存在性能差、内存占用过多、依赖解析速度会变慢等长期得不到解决的问题, 且过度依赖 YUM 源文件 (若源文件出现问题, 则 YUM 相关操作可能会失败)。针对这种情况, DNF 工具应运而生, DNF 工具克服了 YUM 工具的一些瓶颈, 在用户体验、内存占用、依赖分析及运行速度等方面有所提升。

DNF 工具可用于管理 RPM 软件包, 查询软件包的信息, 从指定软件库获取所需的软件包, 并通过自动处理依赖关系实现其安装、卸载及更新。DNF 工具与 YUM 工具完全兼容, 其不仅提供了与 YUM 兼容的命令行, 还为扩展和插件提供了 API。但要注意, 使用 DNF 工具需要具备管理员 (root) 权限。

4.2.2 认识本地软件仓库

repo 文件是 Linux 操作系统中 YUM/DNF 软件仓库的配置文件，一个 repo 文件通常定义了一个或多个软件仓库的细节内容，如从哪里下载需要安装或升级的软件包。repo 文件中的设置内容将被 YUM/DNF 读取和应用，该文件默认存储在/etc/yum.repos.d 目录中，其各项属性及说明如表 4-2 所示。

表 4-2　repo 文件的各项属性及说明

属性	说明
[resource name]	软件源的名称，通常和 repo 文件名保持一致
name	软件仓库的名称，通常和 repo 文件名保持一致
baseurl	指定 RPM 软件包的来源地址，取值有本地源、HTTP 网站、FTP 网站
gpgcheck	是否进行校验，用于确保软件包来源的安全性
enabled	软件仓库源是否启用

4.2.3 配置本地软件仓库

【例 4-6】在软件仓库配置文件的默认目录（/etc/yum.repos.d）中，先使用 vim 命令新建并编辑 dvd.repo 文件，然后保存并退出。

```
[root@localhost ~]#　vim /etc/yum.repos.d/dvd.repo
//以下是 dvd.repo 文件的内容
[dvd]
name=dvd
baseurl=file:///iso            //（/iso 为光盘挂载目录）
gpgcheck=0
enabled=1
```

【例 4-7】测试 YUM 源是否有效（建议屏蔽或删除其他源）。

```
[root@Server ~]# dnf list   （或 dnf repolist）
```

4.2.4 使用 dnf 命令管理软件包

dnf 命令可用于安装、更新、删除、显示软件包，也可用于自动进行软件更新、基于软件仓库进行元数据分析，以及解决软件包依赖性关系。该命令的语法格式如下。

使用 DNF 命令管理软件包

```
dnf   [选项]   [子命令]   <package name>
```

dnf 命令的常用选项及说明如表 4-3 所示。

表 4-3　dnf 命令的常用选项及说明

选项	说明
-h	显示帮助信息
-y	安装软件包过程中的提示全部选择"yes"
-q	不显示安装过程
-version	显示 YUM 版本

常用的 dnf 子命令及说明如表 4-4 所示。

表 4-4　常用的 dnf 子命令及说明

子命令	说明
install	向系统安装一个或多个软件包
remove	删除软件包
update	更新软件包
makecache	建立缓存数据
clean	清除缓存数据,可用选项 all 代表清除所有缓存数据
list	列出软件包,可用选项 all 代表列出所有软件包
info	查看软件包的名称
history	列出 yum 命令安装软件包的历史记录
repolist	查看软件源中是否有软件包
help	显示帮助信息

【例 4-8】使用 dnf 命令依次清除缓存数据、建立缓存数据、安装 gcc 软件包,之后使用 rpm 命令查看是否已安装 gcc 软件包。

```
[root@localhost ~]# dnf clean all
[root@localhost ~]# dnf makecache
[root@localhost ~]# dnf install gcc -y
[root@localhost ~]# rpm -qa | grep gcc
```

【例 4-9】使用 dnf 命令删除 gcc 软件包。

```
[root@localhost ~]# dnf remove gcc
```

【例 4-10】使用 dnf 命令查询 gcc 软件包。

```
[root@localhost ~]# dnf search gcc
```

4.3　进程的基础知识

管理进程和服务

在 openEuler 操作系统中,进程是负责计算机资源(如文件、内存、CPU 等)的分配和管理的基本单位。openEuler 操作系统要跟踪所有进程的活动，以及各个进程对系统资源的使用情况，从而实现对进程和资源的动态管理。

4.3.1 进程的概念

进程（Process）是计算机中的程序关于某数据集合上的一次运行活动，是系统进行资源分配和调度的基本单位，也是构成操作系统结构的基础。一般情况下，每个运行的程序至少由一个进程组成。

openEuler 操作系统包含以下 3 种类型的进程。

（1）交互进程：由 Shell 启动的进程。在执行过程中，需要与用户进行交互操作，可以运行于前台，也可以运行于后台。

（2）批处理进程：一个进程集合。负责按顺序启动其他进程，与终端没有联系。

（3）守护进程：一直运行的一种进程。在系统启动时启动，在系统关闭时终止。

4.3.2 进程号

每个进程都有其唯一的进程号（即 PID，一般为 0~32767 之间的数），一个 PID 只能识别一个进程。一个进程终止后，进程号随之被释放，并分配给其他进程再次使用。

4.3.3 进程相关命令

1. ps 命令

命令名称：ps。

说明：用于查看进程的静态信息。

语法格式：ps [选项]。

ps 命令的选项及说明如表 4-5 所示。

表 4-5 ps 命令的选项及说明

选项	说明
-a	显示所有进程（包括其他用户的进程）
-u	显示用户及其他详细信息
-x	显示没有控制终端的进程

进程的各项说明如图 4-2 所示。

```
USER    PID %CPU %MEM    VSZ RSS TTY    STAT START    TIME COMMAND
```

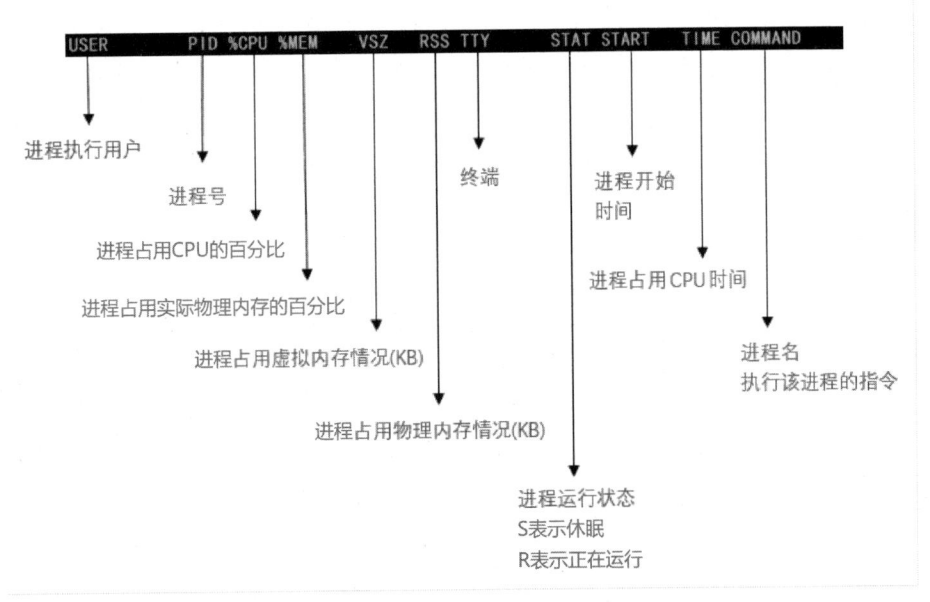

- 进程执行用户
- 进程号
- 进程占用CPU的百分比
- 进程占用实际物理内存的百分比
- 进程占用虚拟内存情况(KB)
- 进程占用物理内存情况(KB)
- 终端
- 进程运行状态 S表示休眠 R表示正在运行
- 进程开始时间
- 进程占用CPU时间
- 进程名 执行该进程的指令

图 4-2　进程的各项说明

【例 4-11】查看当前控制终端的进程，以及进程的用户名等信息。

[root@localhost ~]#ps －au

2. top 命令

命令名称：top。

说明：用于查看进程的实时状态信息。

语法格式：top [选项]。

top 命令的选项及说明如表 4-6 所示。

表 4-6　top 命令的选项及说明

选项	说明
-d	指定每两次显示屏幕信息的时间间隔，默认为 3s
-p	指定监控进程的进程号
-s	使 top 命令在安全模式中运行
-i	使 top 命令不显示空闲或僵死的进程
-c	显示整个命令行，而不是仅显示命令名

【例 4-12】查看进程的实时状态信息。

[root@localhost ~]#top

【例 4-13】显示进程信息，并将每两次显示屏幕信息的时间间隔指定为 10s。

[root@localhost ~]#top －d 10

3. kill 命令

命令名称：kill。

说明：用于停止单个进程。

语法格式：kill　PID。

kill 命令的信号代码、信号名称及说明如表 4-7 所示。

表 4-7　kill 命令的信号代码、信号名称及说明

信号代码	信号名称	说明
1	SIGHUP	立即关闭进程，重新读取配置文件后重启进程
2	SIGINT	终止前台进程，等同于按 Ctrl+C 组合键
9	SIGKILL	强制终止进程
15	SIGTERM	正常结束进程，是该命令的默认信号
18	SIGCONT	恢复暂停的进程
19	SIGTOP	暂停前台进程，等同于按 Ctrl+Z 组合键

【例 4-14】使用 kill 命令杀死 vi 的相关进程。

```
[root@localhost ~]# ps -au
USER    PID   %CPU   %MEM     VSZ   RSS TTY    STAT   START   TIME   COMMAND
root    1454   0.0   0.0   115432  2100 tty1   Ss+    04:53   0:00   -bash
root    1980   0.0   0.0   126176  1684 tty1   T      06:51   0:00   vi text
……
[root@localhost ~]# kill -9  1980
```

4. killall 命令

命令名称：killall。

说明：用于通过程序的进程名来杀死某一类进程。

语法格式：killall [选项] 进程名。

killall 命令的选项及说明如表 4-8 所示。

表 4-8　killall 命令的选项及说明

选项	说明
-i	交互式，询问是否要杀死某一类进程

【例 4-15】使用 killall 命令杀死 sshd 类相关的所有进程。

```
[root@localhost ~]# ps aux | grep sshd
[root@localhost ~]# killall sshd
```

4.4 系统服务的基础知识

系统服务概述

4.4.1 系统服务简介

在 openEuler 操作系统中，服务是一种特殊的进程，它能够在后台运行并提供一系列功能和服务。系统中的服务（如 Web 服务器、数据库服务等）可以通过本地或网络进行访问。服务一般在系统启动时自动运行，并在系统关闭时自动停止。当然，也可以通过管理服务的状态来实现服务的启动、停止和重启等操作。

在 openEuler 操作系统中，根据所提供的功能和服务类型的不同，可以将服务分为以下几种类型。

（1）网络服务：如 Web 服务器、DHCP 服务器、FTP 服务器等。
（2）数据库服务：如 MySQL 和 Oracle 等。
（3）文件共享服务：如 NFS 和 Samba 等。
（4）系统管理服务：如日志服务、计划任务服务、配置管理服务等。

4.4.2 系统服务管理工具

在 openEuler 操作系统中，Systemd 和 SysVinit 是系统服务管理工具，它们不仅可以完成系统的初始化，还可以对系统和服务进行管理。在目前较新版本的操作系统中，Systemd 正在取代 SysVinit。Systemd 支持快照和系统状态恢复，同时维护挂载和自挂载点，使得各服务之间能基于从属关系实现更为精细的逻辑控制，且具有更高的并行性能。

Systemd 与 SysVinit 的功能相似，但一般建议用 Systemd 进行系统服务管理。SysVinit 和 Systemd 的区别如表 4-9 所示。

表 4-9 SysVinit 和 Systemd 的区别

SysVinit	Systemd	说明
service NetworkManager start	systemctl start NetworkManager	启动
service NetworkManager restart	systemctl restart NetworkManager	重启
service NetworkManager reload	systemctl reload NetworkManager	重载
service NetworkManager stop	systemctl stop NetworkManager	停止
service NetworkManager status	systemctl status NetworkManager	状态

Systemd 可以通过 systemctl 命令对系统服务进行运行、关闭、重启、显示、启用或禁用操作。

【例 4-16】使用 systemctl 命令查看防火墙 firewall 的状态。

[root@localhost ~]# systemctl status firewall

【例 4-17】使用 systemctl 命令停止防火墙 firewall 的服务。

[root@localhost ~]# systemctl stop firewall

【例 4-18】使用 systemctl 命令启动防火墙 firewall 的服务。

[root@localhost ~]# systemctl start firewall

【例 4-19】使用 systemctl 命令重启防火墙 firewall 的服务。

[root@localhost ~]# systemctl restart firewall

自学自测

选择题

1. 卸载软件使用的是（　　）命令。
   A．rpm -i　　　　B．rpm -e　　　　C．rpm -q　　　　D．rpm -u
2. 查看系统中所有进程使用的是（　　）命令。
   A．ps　　　　　　B．ps all　　　　　C．ps a　　　　　D．ps aux
3. 强制终止进程使用的是（　　）命令。
   A．kill -3　　　　B．kill -5　　　　C．kill -7　　　　D．kill -9
4. 下列不是 Linux 操作系统进程类型的是（　　）。
   A．交互进程　　　B．批处理进程　　C．守护进程　　　D．就绪进程
5. 执行 ps 命令后的显示信息中，若其中 stat 标记位显示为 s，则表示该进程（　　）。
   A．正运行　　　　B．僵死　　　　　C．休眠　　　　　D．停止
6. 若要启动 DNS 服务 named，则正确的命令是（　　）。
   A．systemctl start httpd　　　　　　B．systemctl stop httpd
   C．systemctl start named　　　　　　D．systemctl stop named

课中实训

任务 4.1　管理软件包

1. 任务要求

（1）使用 rpm 命令安装 tree 软件包，使用 tree 命令显示/etc/yum.repos.d 目录中的内容。

（2）使用 dnf 命令安装 httpd 软件包。

2. 任务实施

（1）使用 rpm 命令查询是否存在 tree 软件包。

[root@localhost ~]#rpm -qa | grep tree

（2）导入光盘并将其挂载到/media 目录下。

[root@localhost ~]# mount /dev/cdrom /media

（3）切换至/media/Packages 目录，查询包含 tree 字符的相关软件包。

[root@localhost ~]# cd /media/Packages

[root@localhost Packages]# ls | grep tree

ostree-2021.6-2.oe2203sp1.x86_64.rpm

texlive-pst-tree-svn43272-24.oe2203sp1.noarch.rpm

tree-2.0.4-2.oe2203sp1.x86_64.rpm

（4）使用 rpm 命令安装 tree 软件包。

[root@localhost Packages]# rpm -ivh tree-2.0.4-2.oe2203sp1.x86_64.rpm

警告：tree-2.0.4-2.oe2203sp1.x86_64.rpm: 头 V4 RSA/SHA256 Signature, 密钥 ID fb37bc6f: NOKEY

Verifying...   ################################# [100%]

准备中...   ################################# [100%]

正在升级/安装...

   1:tree-2.0.4-2.oe2203sp1   ################################# [100%]

（5）使用 tree 命令显示/etc/yum.repos.d 目录中的内容。

[root@localhost ~]# tree /etc/yum.repos.d

/etc/yum.repos.d

├── dvd.repo

└── openEuler.repo2

（6）使用 yum list 命令查看本地软件包（若没有 YUM 源软件仓库的配置文件，则参考【例 4-6】）。

[root@localhost ~]# yum list

（7）使用 dnf 命令安装 httpd 软件包。

[root@localhost ~]# dnf install httpd

任务 4.2　管理系统服务

1. 任务要求

管理 httpd 服务，掌握对 httpd 服务进行运行、关闭、重启、显示、启用或禁用操作的方法。

2. 任务实施

（1）查看是否已安装 httpd 服务。

[root@localhost ~]# rpm -qa |grep httpd

httpd-tools-2.4.51-12.oe2203sp1.x86_64

openEuler-logos-httpd-1.0-8.oe2203sp1.noarch

httpd-filesystem-2.4.51-12.oe2203sp1.noarch

httpd-2.4.51-12.oe2203sp1.x86_64

（2）启动 httpd 服务。

[root@localhost ~]# systemctl start httpd

（3）重启 httpd 服务。

[root@localhost ~]# systemctl restart httpd

（4）查看 httpd 服务的状态。

[root@localhost ~]# systemctl status httpd

（5）设置 httpd 服务开机自启动。

[root@localhost ~]# systemctl enable httpd

（6）停止 httpd 服务。

[root@localhost ~]# systemctl stop httpd

（7）禁用 httpd 服务。

[root@localhost ~]# systemctl disable httpd

评价反馈

学生自评表

班级		姓名		学号	
项目四	管理软件包与系统服务				
评价项目	评价标准			分值	得分
RPM 软件包的安装	能完成 RPM 软件包的安装、卸载			30	

续表

评价项目	评价标准	分值	得分
YUM/DNF 应用	能使用 YUM/DNF 进行软件安装、卸载等操作	40	
管理系统服务	能对系统服务进行运行、关闭、重启、显示、启用或禁用等操作	30	
	合计	100	

教师评价表

班级		姓名		学号	
项目四	管理软件包与系统服务				
评价项目	评价标准			分值	得分
职业素养	无迟到早退,遵守纪律			10	
	能在团队协作过程中发挥引领作用			10	
	对任务中出现的问题具有探究精神,能解决问题并举一反三			10	
工作过程	能按计划实施工作任务			10	
工作质量	能按照要求,保质保量地完成工作任务			50	
工作态度	能认真预习、完成和复习工作任务			10	
	合计			100	

课后提升

配置网络 YUM 源

通过互联网配置网络 YUM 源,并安装 vsftpd 服务。

(1)能够保证虚拟机与互联网连通,即检测其与 www.openeuler.org 是否连通。

[root@localhost ~]# ping www.openeuler.org

(2)备份原来的 repo 文件。假设/etc/yum.repos.d/目录下的 repo 文件名为 dvd.repo,将其备份为 openEuler.repo。

[root@localhost ~]# cp /etc/yum.repos.d/dvd.repo /etc/yum.repos.d/openEuler.repo

(3)编辑 openEuler.repo 文件,修改部分代码如下。

[root@localhost ~]# vim /etc/yum.repos.d/openEuler.repo
[OS]
name=OS
baseurl=https://repo.openeuler.openatom.cn/openEuler-20.03-LTS/OS/
enabled=1
gpgcheck=0

（4）清除缓存数据，检测软件源。

[root@localhost ~]# dnf clean all

[root@localhost ~]# dnf repolist

（5）安装 vsftpd 服务。

[root@localhost ~]# dnf install vsftpd -y

项目五　管理磁盘与文件系统

项目需求

某高校的校园网服务器中需要安装新硬盘,并对磁盘进行分区、格式化、挂载处理;需要根据校园网服务器中数据业务的不同,采用不同的 RAID 技术来保证数据的读写速度及安全性;需要在校园网的存储服务器上采用 LVM 逻辑卷技术,实现容量的动态调整。

Linux 操作系统提供了非常强大的磁盘与文件管理功能,Linux 操作系统的网络管理员应掌握配置和管理磁盘的技巧,以高效地对磁盘空间进行使用和管理,本项目的核心内容是 openEuler 操作系统的磁盘与文件管理功能。

项目目标

1. 思政目标

(1)通过磁盘分区管理,引导学生理解资源有限性与高效利用的辩证关系,弘扬节约的传统美德。

(2)通过磁盘分区、格式化等操作教学,引导学生养成严谨细致、实事求是的工作态度,反对投机取巧与粗放操作。

(3)通过 LVM 逻辑卷管理教学,培养学生统筹全局、前瞻预判的系统思维,提升其"从源头防范风险、在过程中化解矛盾"的治理能力。

2. 知识目标

(1)了解 Linux 操作系统中设备命名的规则。
(2)理解 Linux 操作系统的磁盘与文件系统。
(3)理解 Linux 操作系统的磁盘配置与管理。
(4)理解 Linux 操作系统的逻辑卷的原理。

3. 能力目标

(1)掌握磁盘添加、磁盘分区及磁盘格式化的方法。

（2）掌握磁盘的挂载、卸载及进行其他管理的命令。

（3）掌握配置和管理逻辑卷的方法。

思维导图

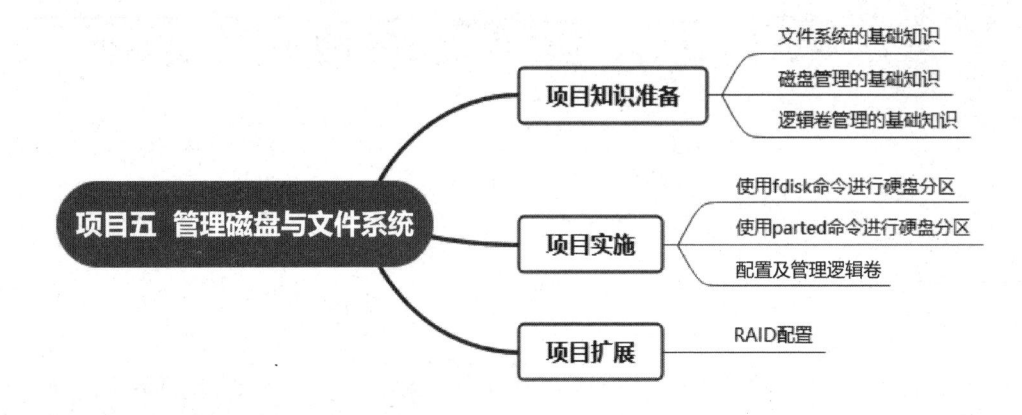

```
                              ┌── 文件系统的基础知识
                ┌─ 项目知识准备 ├── 磁盘管理的基础知识
                │              └── 逻辑卷管理的基础知识
                │
                │              ┌── 使用fdisk命令进行硬盘分区
项目五 管理磁盘与文件系统 ─┼─ 项目实施 ├── 使用parted命令进行硬盘分区
                │              └── 配置及管理逻辑卷
                │
                └─ 项目扩展 ──── RAID配置
```

课前自学——项目知识准备

思政案例

数据安全 任重道远

近年来，我国在数据存储安全领域取得了显著进步。但我们也应看到，数据量的爆发式增长，以及人工智能、自动驾驶等新兴行业的不断涌现对数据存储技术提出了新的要求。在"双碳"背景下，作为高能耗基础设施的数据存储基础设施，其能耗约束面临新挑战，需要我国进一步推动绿色数据中心的创建、运维和改造，以及对传统数据中心的统筹协调和升级迭代。

先进数据存储技术受制于人是我国目前面临的主要挑战。有业内人士表示，当前全球数据存储核心技术掌握在美国的西部数据、希捷及日本的松下等企业手中，我国在数据存储芯片、存储介质、磁头等硬件设备，以及新型计算平台、分布式计算架构、数据处理、分析和呈现等软实力上，与国外仍存在较大差距，尤其在主流存储介质的保存时间方面差距较大。例如，硬盘、固态盘的平均寿命约为 5 年，磁带的平均寿命约为 10 年，蓝光存储光盘的平均寿命约为 50 年，而个人信息的保存涵盖其生老病死的全生命周期，它远远超过存储介质的寿命。

那么，如何进一步强化数据安全存储能力呢？

数据存储是可信计算体系的重要组成部分，也是数据安全的最后一道防线。强化数据安全存储能力，需要从可信标准构建、技术创新和低碳发展三个方面推进，同时开展有利于数据安全存储的创新试点示范工作。接下来对这三个方面进行详细介绍。

一是完善数据安全存储顶层设计，加速构建可信标准。有关部门应进一步完善数据安全存储顶层设计，将数据存储设施作为数字经济基础设施来统筹规划，促进数据存储安全产业快速发展，从国家、地方、行业等多个层面完善数据存储安全保护的制度体系。

二是激发产业创新活力，突破关键核心技术"卡脖子"问题。在技术层面，可广泛联合科研院所、高校、领军企业攻关存储技术的"瓶颈"，在量子存储、下一代蓝光存储技术等数据存储前沿技术领域加大基础研究力度，加强存储全产业链的产学研协同，健全创新链、产业链和供应链；在应用层面，应加强推动存力在经济社会数字化转型发展中的应用创新，开发高性能产品，推广最佳应用实践，推动全领域、全产业链、全供应链的应用创新。

三是深化存力业务场景，充分发挥国内超大规模市场的优势。面向国民经济和社会发展的重点领域，围绕数字化、智能化转型和数字产业化发展的主战场，不断扩大数据资源的应用领域，挖掘价值释放的应用场景，培育新应用、新业务、新业态，创造持续增长的消费需求，形成业务拉动存力发展的强大动能。

5.1 文件系统的基础知识

认识文件系统

5.1.1 文件系统概述

文件系统是操作系统中用于明确存储设备或分区上的文件的数据结构，或者说在存储设备上组织文件的方法。操作系统中负责管理和存储文件信息的软件机构称为文件管理系统，简称文件系统。常见的文件系统类型及使用场景如表 5-1 所示。

表 5-1 常见的文件系统类型及使用场景

类型	使用场景
FAT	Windows 9X 操作系统使用的文件系统，包括 FAT16 及 FAT32
NTFS	一个基于安全性的文件系统，也是 Windows NT 使用的独特的文件系统，Win2000 中采用的是更新版本的 NTFS 5.0
NFS	网络文件系统，用于在 UNIX 系统间通过网络进行文件共享
RAW	一种磁盘未经处理或格式化时产生的文件系统
Ext	GNU/Linux 中标准的文件系统，存取文件的性能极好，对于中小型的文件来说，尤其具有优势，包括 Ext2、Ext3、Ext4
XFS	一种高性能的日志文件系统，最早于 1993 年由 Silicon Graphics 为他们的 IRIX 操作系统开发，之后被移植到 Linux 内核上，特别擅长处理大文件，可提供平滑的数据传输体验
ISO 9600	光盘中使用的标准文件系统，Linux 对该文件系统同样有很好的支持，不仅能读取光盘和光盘 ISO 映像文件，而且支持在 Linux 环境中刻录光盘

5.1.2 openEuler 文件系统

openEuler 中的文件系统架构如图 5-1 所示，进程位于文件系统架构的最上层，它只与虚拟层交互。在虚拟层中，由一个称为虚拟文件系统（Virtual File System，VFS）的中间层充当各类物理文件系统的管理者。VFS 抽象了不同文件系统的行为，为用户提供一组通用的、统一的 API，使用户在执行文件打开、读取、写入等命令时，不用关心底层的物理文件系统类型。在实现层，操作系统可以选择多种物理文件系统（如 Ext4、NTFS 等）。

openEuler 中默认采用 Ext4 文件系统作为实现层的物理文件系统。VFS 是用户可见的一棵目录树。实现层的物理文件系统则作为一棵子目录树，挂载在 VFS 目录树的某个目录上。

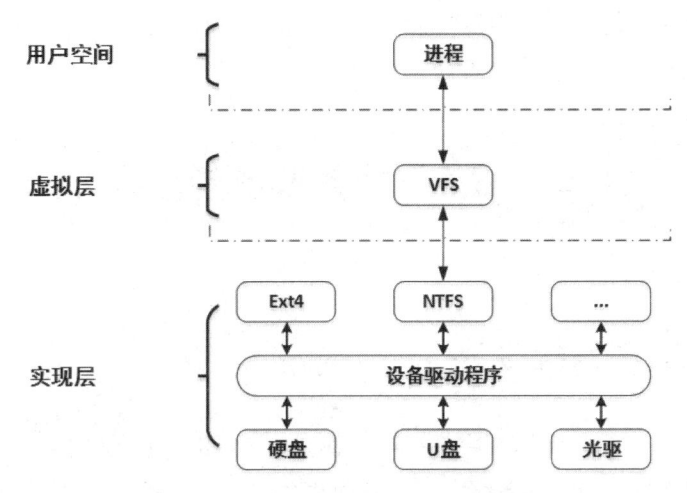

图 5-1 openEuler 中的文件系统架构

openEuler 内核源于 Linux，Linux 内核支持十多种不同类型的文件系统，如 Btrfs、JFS、ReiserFS、Ext、Ext2、Ext3、Ext4、ISO 9660、XFS、Minix、MSDOS、UMSDOS、VFAT、NTFS、HPFS、NFS、SMB、SysV、PROC 等。

5.1.3 系统交换空间

系统交换空间（swap）就是磁盘上的一块区域，它可以是一个分区，也可以是一个文件。简单地说，就是当物理内存资源紧张时，将内存中不常访问的资源保存到预先设定的硬盘的 swap 上，以此释放该资源占用的内存，这样系统就有更多的物理内存为各个进程服务。当系统需要访问 swap 上存储的内容时，再将 swap 上的数据加载到内存中。

物理内存和 swap 的和就是系统可提供的虚拟内存的总量。

swap 具有以下优点。

（1）增加系统可用内存空间。当物理内存不够用时，增加 swap 分区比增加物理内存成本更低。

（2）提高系统整体性能。将不常用的数据移动到 swap 上后，会有更多内存可被用于缓存，从而加快系统 I/O。

（3）许多 Linux 发行版（如 Ubuntu）的休眠功能依赖于 swap 分区。当系统休眠时，内存数据会被保存到 swap 分区，直至下次启动才加载回内存。

Linux 有两种形式的交换空间：交换分区和交换文件。交换分区是一个独立的硬盘，没有文件或内容，即 swap 分区；交换文件是文件系统中的一个特殊文件，独立于系统和数据文件之外，即 swap 文件。

（1）创建 swap 分区：fdisk 命令可用于创建分区，mkswap 命令可用于创建 swap 分区，swapon 命令可用于启用 swap 分区。

（2）创建 swap 文件：fdisk 命令可用于创建文件，mkswap 命令可用于格式化文件，swapon 命令可用于启用 swap 文件。

推荐的 swap 大小配置如表 5-2 所示。

表 5-2 推荐的 swap 大小配置

RAM 大小	推荐的交换空间
≤2GB	2 倍的 RAM
2GB～8GB	等于 RAM
>8GB	8GB

5.2 磁盘管理的基础知识

管理磁盘

5.2.1 磁盘概述

1. 磁盘类型

磁盘是一种利用磁性材料记录数据的存储设备，硬盘则是磁盘的一种具体形式，属于磁盘的一种。硬盘是一种用于临时和长期存储文件的计算机存储设备，也是计算机主要的存储媒介之一，为计算机提供储存数据的物理虚拟空间，包括系统、软件、缓存数据等。

常见的硬盘类型如下。

（1）机械硬盘（Hard Disk Drive，HDD）：机械硬盘是一种使用旋转的磁盘和磁头来存储数据的设备，其通常使用有磁性涂层的金属盘片来存储数据，并通过机械臂来读取和写入数据。

（2）固态硬盘（Solid State Drive，SSD）：固态硬盘使用闪存存储技术，而不依靠机械部件来读取和写入数据，其通常比机械硬盘更快、更安静、更耐用。固态硬盘在计算机领域已得到广泛应用。

（3）混合硬盘（Hybrid Hard Drive，HHD）：混合硬盘结合了机械硬盘和固态硬盘的特性（如机械硬盘的大容量存储特性和固态硬盘的高速读写特性），其通常使用固态硬盘作为高速缓存，具有更优秀的性能。

2. 接口类型

接口是硬盘与主机系统间的连接部件，其作用是在硬盘缓存和主机内存之间传输数据。不同的硬盘接口决定着硬盘与计算机之间的连接速度，在整个系统中，硬盘接口的优劣直接影响着程序运行快慢和系统性能好坏。常见的硬盘接口类型包括 IDE、SATA、SCSI 和 FC 等。

（1）IDE（Integrated Drive Electronics，集成驱动电子）：IDE 接口是一种并行接口，主要用于连接硬盘和光驱等设备。它主要有两种类型，即 ATA（AT Attachment，AT 附加设备）和 ATPI（AT Peripheral Interface，AT 周边接口）。如今，IDE 接口已经逐渐被 SATA 接口取代。

（2）SATA（Serial Advanced Technology Attachment，串行高级技术附件）：SATA 接口是一种串行接口，相较于 IDE 接口，它具有更快的传输速度、更低的功耗和更小的体积。SATA 接口已经成为现代硬盘的主要接口类型。

（3）SCSI（Small Computer System Interface，小型计算机系统接口）：SCSI 接口用于连接硬盘、光驱、打印机等设备。它具有高速、多设备支持和热插拔等优点，被广泛应用于服务器和高端工作站中。

（4）FC（Fibre Channel，光纤通道）：光纤通道接口用于连接硬盘、磁带等设备，其具有高速、高带宽和支持长距离传输等优点，被广泛应用于服务器和存储系统中。

5.2.2 磁盘分区

硬盘是计算机的重要组件，在 Linux 操作系统中，使用硬盘及规划、管理磁盘是非常重要的工作。对于新购置的物理硬盘，需要进行如下操作。

（1）分区。可以有一个分区，也可以有多个分区。

（2）格式化。分区后的硬盘必须经过格式化，之后才能创建文件系统。

（3）挂载。被格式化后的硬盘分区必须挂载到文件系统相应的目录下。

Linux 操作系统只会自动挂载根分区启动项，别的分区需要用户自己配置，所有的磁盘必须挂载到文件系统相应的目录下。

1. 设备在 Linux 操作系统中的命名规则

SSD、SAS、SATA 是 SCSI 接口类型的硬盘，在 Linux 操作系统中用 sd 来标识；IDE 是 IDE 接口类型的硬盘，在 Linux 操作系统中用 hd 来标识。

在 Linux 操作系统中，不同硬盘的命名规则如下。

SCSI 接口类型的第 1 个硬盘被命名为 /dev/sda；

SCSI 接口类型的第 2 个硬盘被命名为 /dev/sdb；

……

IDE 接口类型的第 1 个硬盘（master）被命名为/dev/hda；

IDE 接口类型的第 2 个硬盘（slave）被命名为/dev/hdb；

……

磁盘分区可以将硬盘驱动器划分为多个逻辑存储单元，这些单元称为分区。通过将磁盘划分为多个分区，系统管理员可以使用不同的分区执行不同的功能。

磁盘分区的好处如下。

（1）能限制应用或用户的可用空间。

（2）允许从同一磁盘进行不同操作系统的多重启动。

（3）能将操作系统和程序文件与用户文件分隔开。

（4）能创建用于操作系统虚拟内存交换的单独区域。

（5）通过限制磁盘空间使用情况，提高了诊断工具和备份映像的性能。

2. 磁盘分区类型

磁盘分区类型如图 5-2 所示。

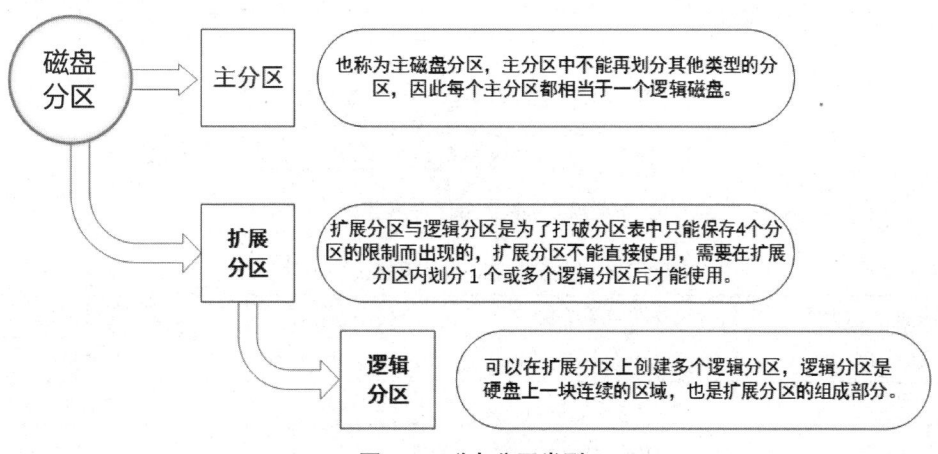

图 5-2　磁盘分区类型

（1）主分区（Primary Partition）。通常在划分硬盘的第 1 个分区时，会将其指定为主分区，Linux 操作系统允许用户创建最多 4 个主分区。主分区主要是用来启动操作系统的，其中存放的是操作系统的启动或引导程序。要特别说明的是，/boot 分区最好放在主分区上。

（2）扩展分区（Extended Partition）。Linux 中一个硬盘最多有 4 个主分区，如果想要创建更多的分区，就只能通过创建一个扩展分区，进而在这个扩展分区上创建多个逻辑分区的办法实现。从理论上说，逻辑分区没有数量上的限制。需要注意的是，创建扩展分区时会占用 1 个主分区的位置，因此，如果已经创建了 1 个扩展分区，那么该硬盘上最多只能创建 3 个主分区。而且，扩展分区不是用来存放数据的，它的主要功能是创建逻辑分区。

（3）逻辑分区（Logical Partition）。逻辑分区不能直接创建，它必须依附在扩展分区上，且其容量受到扩展分区大小的限制。通常，逻辑分区是存放文件和数据的地方。

3. 磁盘分区命名规则

在 Linux 中，没有盘符这个概念，因此只能通过设备名来访问设备，设备名存放在/dev 目录中。

磁盘分区命名规则如图 5-3 所示。

大部分设备的前缀名后面会跟随一个数字，用于唯一指定某一设备。硬盘驱动器的前缀名后面跟随的是一个字母和一个数字，字母用于指定设备，数字用于指定分区。因此，/dev/sda2 指定了硬盘上的一个分区，/dev/pts/10 指定了一个网络终端会话，设备节点前缀及设备类型说明如表 5-3 所示。

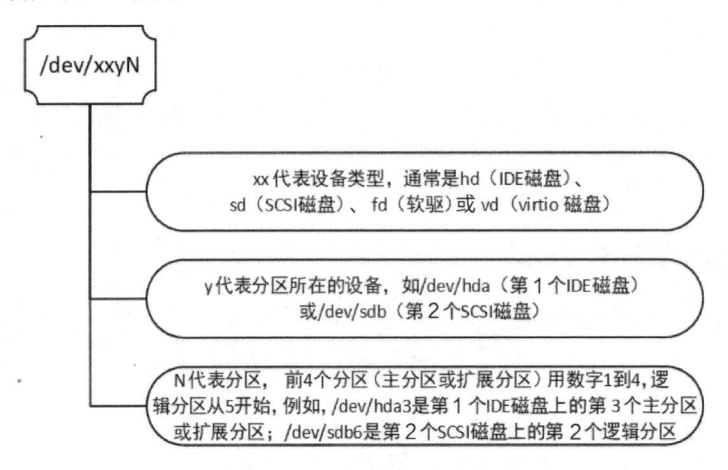

```
/dev/xxyN
    ├── xx 代表设备类型，通常是hd（IDE磁盘）、
    │   sd（SCSI磁盘）、fd（软驱）或vd（virtio 磁盘）
    ├── y代表分区所在的设备，如/dev/hda（第 1 个IDE磁盘）
    │   或/dev/sdb（第 2 个SCSI磁盘）
    └── N代表分区，前4个分区（主分区或扩展分区）用数字1到4，逻
        辑分区从5开始，例如，/dev/hda3是第 1 个IDE磁盘上的第 3 个主分区
        或扩展分区；/dev/sdb6是第 2 个SCSI磁盘上的第 2 个逻辑分区
```

图 5-3　磁盘分区命名规则

表 5-3　设备节点前缀及设备类型说明

设备节点前缀	设备类型说明	设备节点前缀	设备类型说明
fb	frame 缓冲	ttyS	串口
fd	软驱	scd	SCSI 音频光驱
hd	IDE 磁盘	sd	SCSI 磁盘
lp	打印机	sg	SCSI 通用设备
par	并口	sr	SCSI 数据光驱
pt	伪终端	st	SCSI 磁带
tty	终端	md	磁盘阵列

有了磁盘命名和分区命名的概念，理解诸如/dev/sda1 之类的分区名称应该就不是难事了，具体的分区命名规则示例如下。

SCSI 的第 1 个硬盘的第 1 个主分区应命名为/dev/sda1；

SCSI 的第 1 个硬盘的第 2 个主分区应命名为/dev/sda2；

……

SCSI 的第 2 个硬盘的第 1 个主分区应命名为/dev/sdb1；

SCSI 的第 2 个硬盘的第 2 个主分区应命名为/dev/sdb2；

……

4. 磁盘分区方案

MBR 和 GUID 是两种常见的磁盘分区方案，用于管理计算机硬盘上的分区和数据。它们之间存在以下关键区别。

MBR（Master Boot Record，主引导记录）分区方案指定了在运行 BIOS 固件的系统上应如何对磁盘进行分区。此方案支持最多 4 个主分区。在 Linux 操作系统上，管理员可以使用扩展分区和逻辑分区创建最多 15 个分区。由于分区大小数据以 32 位值存储，因此使用 MBR 方案分区时，最大磁盘和分区大小为 2TB。

随着硬盘驱动器容量的不断增大，老旧的 MBR 分区方案的 2TB 磁盘和分区大小限制已不仅仅是理论上的限制，而逐渐成为实际生产环境中经常遇到的问题。因此，新的 GUID 分区表（GPT）正在取代传统的 MBR 方案，成为对磁盘进行分区的更优选择。

GPT（GUID Partition Table，全局唯一标识分区表）是一个实体硬盘的分区结构。它是 EFI（可扩展固件接口标准）的一部分，用来替代 BIOS 中的主引导记录分区表。与 MBR 分区方案支持最多 4 个主分区的限制相比，GPT 对分区数量没有限制，也没有主分区和逻辑分区之分，每个硬盘最多可以有 128 个分区。GPT 采用 64 位逻辑块地址寻址，理论上支持 18EB 单分区容量，这对需要更多分区的高级服务器或工作站而言是非常有用的。

5. Linux 如何查看磁盘信息

【例 5-1】fdisk-l 命令用于查看系统所有磁盘（包括已挂载磁盘和未挂载磁盘）的信息。执行相关操作命令如下：

```
[root@localhost ~]# fdisk -l
Disk /dev/sda: 20 GiB，21474836480 字节，41943040 个扇区
磁盘型号：VMware Virtual S
单元：扇区 / 1 * 512 = 512 字节
扇区大小（逻辑/物理）：512 字节 / 512 字节
```

I/O 大小（最小/最佳）：512 字节 / 512 字节

磁盘标签类型：dos

磁盘标识符：0x93dde9fe

设备	启动	起点	末尾	扇区	大小	Id	类型
/dev/sda1	*	2048	2099199	2097152	1GB	83	Linux
/dev/sda2		2099200	41943039	39843840	19GB	8e	Linux LVM

Disk /dev/mapper/openeuler-root：17 GiB，18249416704 字节，35643392 个扇区

单元：扇区 / 1 * 512 = 512 字节

扇区大小（逻辑/物理）：512 字节 / 512 字节

I/O 大小（最小/最佳）：512 字节 / 512 字节

Disk /dev/mapper/openeuler-swap：2 GiB，2147483648 字节，4194304 个扇区

单元：扇区 / 1 * 512 = 512 字节

扇区大小（逻辑/物理）：512 字节 / 512 字节

I/O 大小（最小/最佳）：512 字节 / 512 字节

从以上代码中可以看出，在系统安装时，硬盘被分成根分区、boot 分区和交换分区，整体情况和每个分区的信息均清晰可见，其中分区信息的各字段含义如下。

（1）设备：分区的设备文件名称，如/dev/sda。

（2）启动：是否是引导分区。若是，则带有 "*" 标识，如/dev/sda1 *。

（3）起点：该分区在硬盘中的起始位置（柱面数）。

（4）末尾：该分区在硬盘中的结束位置（柱面数）。

（5）大小：分区大小。

（6）Id：分区类型的 ID 标记号，如 Ext4 分区的 ID 标记号为 83，LVM 分区的 ID 标记号为 8e。

（7）类型：分区类型，如 Linux 代表 Ext4 文件系统，Linux LVM 代表逻辑卷。

6. fdisk 分区工具

fdisk 是传统的 Linux 硬盘分区工具，也是 Linux 操作系统中最常用的硬盘分区工具之一，但其不支持创建大于 2TB 的分区。

fdisk 是基于菜单的命令，在对硬盘进行分区时，可以在 fdisk 命令后直接加上要分区的硬盘作为参数，语法格式如下：

fdisk(选项)(参数)	
fdisk [选项] <磁盘>	更改分区表
fdisk [选项] -l <磁盘>	列出分区表
fdisk -s <分区>	给出分区大小（块数）

fdisk 命令的选项及说明如表 5-4 所示。

表 5-4 fdisk 命令的选项及说明

选项	说明
-b<大小>	分区大小（512、1024、2048 或 4096）
-c[=<模式>]	兼容模式（dos 或 nondos，其中，nondos 为默认模式）
-h	打印帮助文本
-u[=<单位>]	显示单位[cylinders（柱面）或 sectors（扇区），其中，sectors 为默认单位]
-v	打印程序版本
-C<数字>	指定柱面数
-H <数字>	指定磁头数
-S <数字>	指定每个磁道的扇区数

选择好某块具体硬盘后，进入交互模式进行分区操作，如 fdisk /dev/sdb。

在"命令（输入 m 获取帮助）："提示符后，若输入 m，则可以查看所有命令的帮助信息；若输入相应的命令参数，则可执行所需的操作。fdisk 交互式命令及说明如表 5-5 所示。

表 5-5 fdisk 交互式命令及说明

命令	说明
a	设置可引导标记
b	编辑 bsd 磁盘标签
c	设置 DOS 操作系统兼容标记
d	删除一个分区
l	显示已知的文件系统类型（82 为 Linux swap 分区，83 为 Linux 分区）
m	显示帮助菜单
n	新建分区
o	建立空白 DOS 分区表
p	显示分区列表
q	退出但不保存
s	新建空白 SUN 磁盘标签
t	改变一个分区的系统 ID
u	改变显示记录单位
v	验证分区表
w	保存并退出

（1）创建主分区的流程如图 5-4 所示。

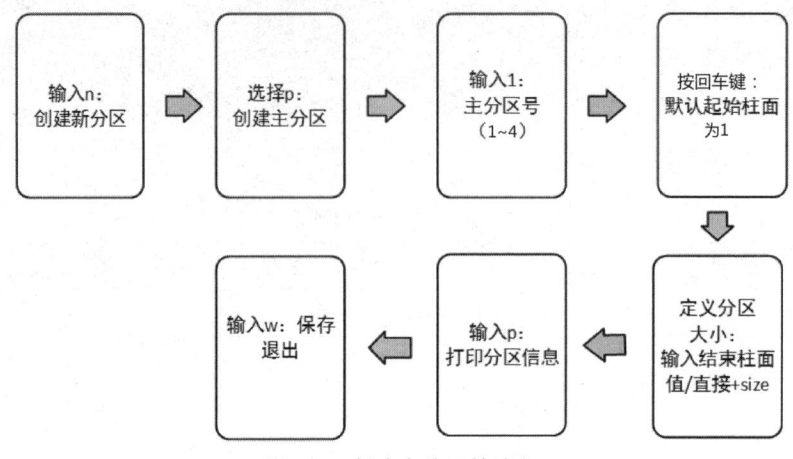

图 5-4　创建主分区的流程

（2）创建扩展分区的流程如图 5-5 所示。

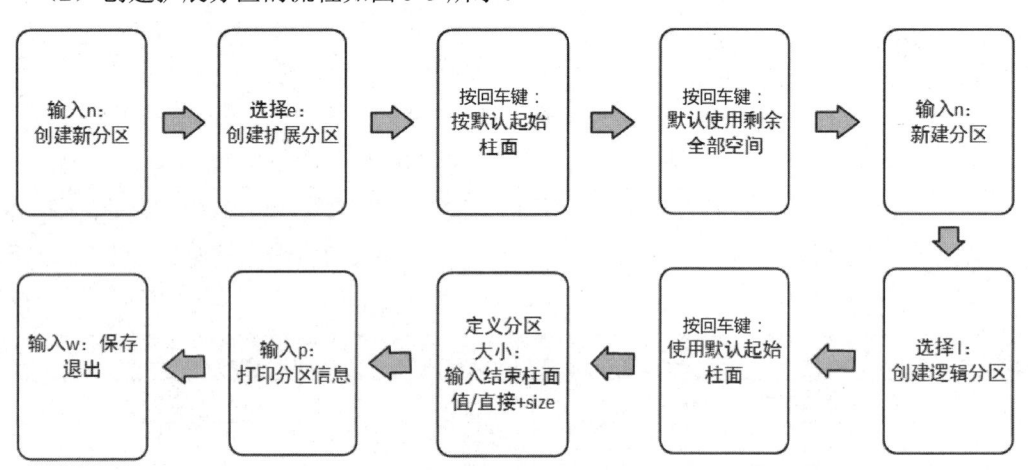

图 5-5　创建扩展分区的流程

注：扩展分区创建完成后不能直接使用，必须要在其中创建逻辑分区后才能使用。

【例 5-2】新增一块 SCSI 硬盘，在/dev/sdb 硬盘上创建大小为 20GB 的分区，并划分两个主分区，容量分别为 5GB、3GB，剩余容量分配给一个扩展分区，并在扩展分区中划分两个逻辑分区，容量分别为 8GB 和 4GB。执行相关操作命令如下：

```
[root@localhost ~]# fdisk /dev/sdb
欢迎使用 fdisk (util-Linux 2.23.2)。
更改将停留在内存中，直到您决定将更改写入磁盘。
使用写入命令前请三思。
Device does not contain a recognized partition table
使用磁盘标识符 0xfb0b9128 创建新的 DOS 磁盘标签。
命令（输入 m 获取帮助）：m
```

命令操作

    a   toggle a bootable flag

    b   edit bsd disklabel

    c   toggle the dos compatibility flag

    d   delete a partition

    g   create a new empty GPT partition table

    G   create an IRIX (SGI) partition table

    l   list known partition types

    m   print this menu

    n   add a new partition

    o   create a new empty DOS partition table

    p   print the partition table

    q   quit without saving changes

    s   create a new empty Sun disklabel

    t   change a partition's system id

    u   change display/entry units

    v   verify the partition table

    w   write table to disk and exit

    x   extra functionality (experts only)

命令（输入 m 获取帮助）：n

Partition type:

    p   primary (0 primary, 0 extended, 4 free)

    e   extended

Select (default p): p

分区号（1~4，默认为 1）：1

起始 扇区（2048~41943039，默认为 2048）：

将使用默认值 2048

Last 扇区, +扇区 or +size{K,M,G}（2048~41943039，默认为 41943039）：+5G

分区 1 已设置为 Linux 类型，大小为 5 GB

命令（输入 m 获取帮助）：p

磁盘 /dev/sdb：21.5 GB, 21474836480 字节，41943040 个扇区

Units = 扇区 of 1 * 512 = 512 bytes

扇区大小（逻辑/物理）：512 字节 / 512 字节

I/O 大小（最小/最佳）：512 字节 / 512 字节

磁盘标签类型：dos

磁盘标识符：0x0bcee221

设备 启动	起点	末尾	扇区	Id	类型
/dev/sdb1	2048	10487807	5242880	83	Linux

命令（输入 m 获取帮助）：n

Partition type:

    p   primary (1 primary, 0 extended, 3 free)

    e   extended

Select (default p): p

分区号（2~4，默认为 2）：2

起始 扇区（10487808~41943039，默认为 10487808）：

将使用默认值 10487808

Last 扇区, +扇区 or +size{K,M,G} (10487808-41943039，默认为 41943039)：+3G

分区 2 已设置为 Linux 类型，大小为 3 GB

命令（输入 m 获取帮助）：p

磁盘 /dev/sdb：21.5 GB, 21474836480 字节，41943040 个扇区

Units = 扇区 of 1 * 512 = 512 bytes

扇区大小（逻辑/物理）：512 字节 / 512 字节

I/O 大小（最小/最佳）：512 字节 / 512 字节

磁盘标签类型：dos

磁盘标识符：0x0bcee221

设备 启动	起点	末尾	扇区	Id	类型
/dev/sdb1	2048	10487807	5242880	83	Linux
/dev/sdb2	10487808	16779263	3145728	83	Linux

命令（输入 m 获取帮助）：n

Partition type:

    p   primary (2 primary, 0 extended, 2 free)
    e   extended
Select (default p): e
分区号（3,4，默认为3）：
起始 扇区（16779264～41943039，默认为 16779264）：
将使用默认值 16779264
Last 扇区,+扇区 or +size{K,M,G} (16779264-41943039，默认为 41943039)：
将使用默认值 41943039
分区 3 已设置为 Extended 类型，大小为 12 GB

命令（输入 m 获取帮助）：p

磁盘 /dev/sdb：21.5 GB, 21474836480 字节，41943040 个扇区
Units = 扇区 of 1 * 512 = 512 bytes
扇区大小（逻辑/物理）：512 字节 / 512 字节
I/O 大小（最小/最佳）：512 字节 / 512 字节
磁盘标签类型：dos
磁盘标识符：0x0bcee221

设备 启动	起点	末尾	扇区	Id	类型
/dev/sdb1	2048	10487807	5242880	83	Linux
/dev/sdb2	10487808	16779263	3145728	83	Linux
/dev/sdb3	16779264	41943039	12581888	5	Extended

命令（输入 m 获取帮助）：n
Partition type:
    p   primary (2 primary, 1 extended, 1 free)
    l   logical (numbered from 5)
Select (default p): l
添加逻辑分区 5
起始 扇区（16781312～41943039，默认为 16781312）：
将使用默认值 16781312
Last 扇区,+扇区 or +size{K,M,G} (16781312-41943039，默认为 41943039)：+8G
分区 5 已设置为 Linux 类型，大小为 8 GB

命令（输入 m 获取帮助）：n
Partition type:
   p   primary (2 primary, 1 extended, 1 free)
   l   logical (numbered from 5)
Select (default p): l
添加逻辑分区 6
起始 扇区（33560576～41943039，默认为 33560576）：
将使用默认值 33560576
Last 扇区, +扇区 or +size{K,M,G} (33560576-41943039，默认为 41943039)：
将使用默认值 41943039
分区 6 已设置为 Linux 类型，大小为 4 GB

命令（输入 m 获取帮助）：w
The partition table has been altered!
Calling ioctl() to re-read partition table.
正在同步磁盘。

7. parted 分区工具

parted 是另一款在 Linux 中常用的分区工具，可支持创建 2TB 以上的磁盘分区，相对于 fdisk 工具，它的使用更加方便，同时提供了动态调整分区大小的功能。其语法格式如下：

parted [选项] [设备　[命令　[选项...]...]]

parted 命令的选项及说明如表 5-6 所示。

表 5-6　parted 命令的选项及说明

选项	说明
-h	显示帮助信息
-i	交互模式
-s	脚本模式
-v	显示 parted 的版本信息
设备	磁盘设备名称，如/dev/sda
命令	parted 指令，如果没有设置指令，则将进入交互模式

选择好某块硬盘后，进入交互模式进行分区操作，如 parted /dev/sdb。进入交互模式后，可输入的交互式命令及说明如表 5-7 所示。

表 5-7　parted 交互式命令及说明

命令	说　明
a	设置可引导标记
b	编辑 bsd 磁盘标签
c	设置 DOS 操作系统兼容标记
d	删除一个分区
l	显示已知的文件系统类型（82 为 Linux swap 分区，83 为 Linux 分区）
m	显示帮助菜单
n	新建分区
o	建立空白 DOS 分区表
p	显示分区列表
q	退出但不保存
s	新建空白 SUN 磁盘标签
t	改变一个分区的系统 ID
u	改变显示记录单位
v	验证分区表
w	保存并退出

（1）交互式创建分区流程如图 5-6 所示。

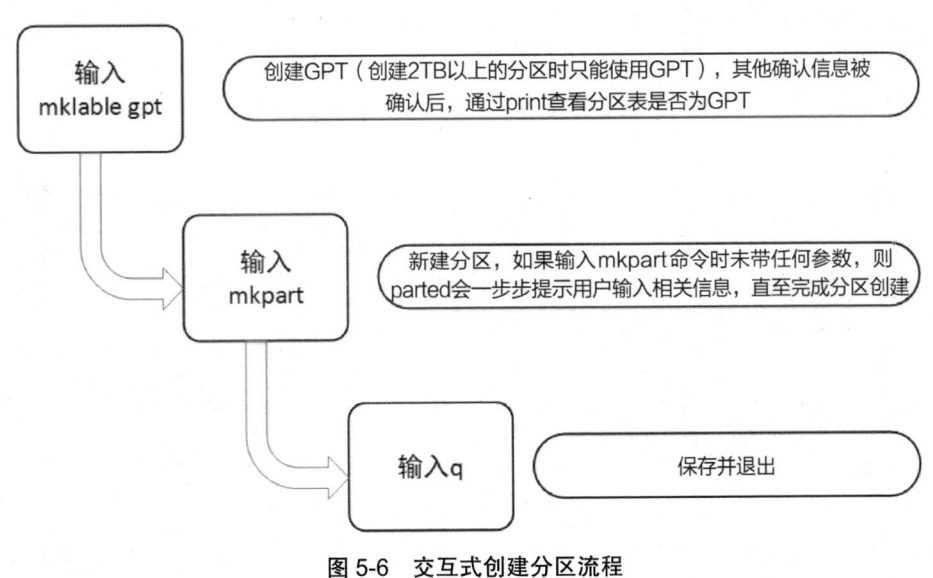

图 5-6　交互式创建分区流程

（2）非交互式创建分区流程如图 5-7 所示。

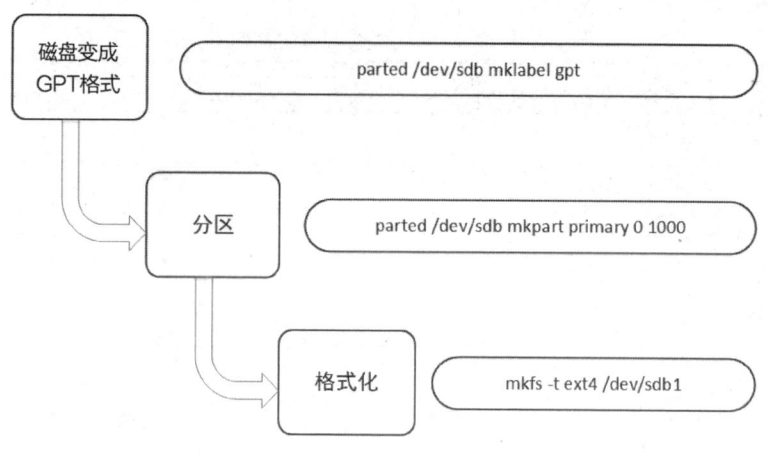

```
                ┌──────────┐
                │ 磁盘变成  │────────►(  parted /dev/sdb mklabel gpt  )
                │ GPT格式  │
                └────┬─────┘
                     │
                     ▼
                ┌──────────┐
                │   分区   │────────►(  parted /dev/sdb mkpart primary 0 1000  )
                └────┬─────┘
                     │
                     ▼
                ┌──────────┐
                │  格式化  │────────►(  mkfs -t ext4 /dev/sdb1  )
                └──────────┘
```

图 5-7 非交互式创建分区流程

【例 5-3】在虚拟机上新增一块 SCSI 硬盘，并在/dev/sdc 硬盘上创建大小为 20GB 的分区，在此分区上创建两个 GPT 分区，名称分别为 data1 和 data2，data1 的容量为 5GB，data2 的容量为 15GB。执行相关操作命令如下：

```
[root@localhost ~]# parted /dev/sdc
GNU Parted 3.5
使用 /dev/sdc
欢迎使用 GNU Parted! 输入 'help' 来查看命令列表。
(parted) mklabel gpt                        //磁盘标签类型为 GPT

(parted) mkpart data1 ext4 0 5G             //data1 的容量为 5GB，文件类型为 Ext4
警告: 所产生的分区没有适当为获得最佳性能而对齐: 34s % 2048s != 0s
忽略/Ignore/放弃/Cancel? I
(parted)
(parted) mkpart data2 ext4 5G -1            //data2 的容量为 15GB，文件类型为 Ext4
(parted) print                              //显示分区信息
型号：VMware, VMware Virtual S (scsi)
磁盘 /dev/sdc: 21.5GB
扇区大小（逻辑/物理）：512B/512B
分区表：gpt
磁盘标志：

编号   起始点    结束点    大小      文件系统   名称     标志
1      17.4KB    5000MB    5000MB    Ext4       data1
2      5001MB    21.5GB    16.5GB    Ext4       data2
```

(parted) q	//退出

5.2.3 磁盘格式化

完成分区创建之后,这些分区还不能直接使用,必须经过格式化。这是因为操作系统必须按照一定的方式来管理硬盘并让系统识别。格式化是指对磁盘或磁盘中的分区进行初始化的一种操作,即将分区格式化成不同的文件系统,这种操作通常会导致现有的磁盘或分区中所有的文件被清除。

Linux 操作系统专用的文件系统是 Ext,包含 Ext3、Ext4 等诸多版本,而 openEuler 操作系统默认使用 Ext4 文件系统。

mkfs 是 make file system 的缩写,该命令用于在特定的分区建立 Linux 文件系统,但其本身并不执行建立文件系统的工作,而是通过调用相关的程序来执行这项工作。该命令的语法格式如下:

mkfs [设备][-V] [-t fs 类型] [fs 选项] 文件系统 [blocks]

mkfs 命令的选项及说明如表 5-8 所示。

表 5-8 mkfs 命令的选项及说明

选项	说明
设备	预备检查的硬盘分区,如/dev/sda1
-t	给定档案系统的型式,Linux 的预设值为 Ext2
-c	在制作档案系统前,检查该 partition 是否有坏轨
-V	详细显示模式
-l bad_blocks_file	将有坏轨的 block 资料加到 bad_blocks_file 里面
block	给定 block 的大小

磁盘格式化流程如图 5-8 所示。

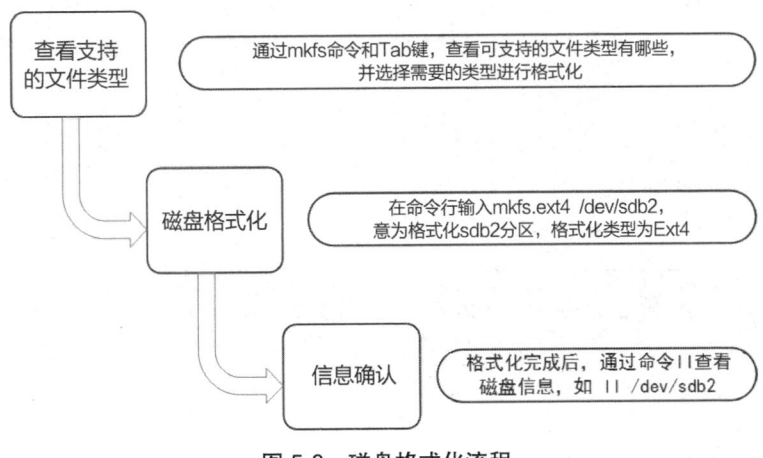

图 5-8 磁盘格式化流程

【例 5-4】将【例 5-2】中创建的硬盘/dev/sdb 的第 1 个分区格式化为 Ext4 文件系统。执行相关操作命令如下：

[root@localhost ~]# mkfs -t ext4 /dev/sdb1   //按 Ext4 文件系统进行格式化

【例 5-5】将【例 5-3】中创建的硬盘/dev/sdc 的第 2 个分区格式化为 XFS 文件系统。执行相关操作命令如下：

[root@localhost ~]# mkfs -t xfs /dev/sdc2   //按 XFS 文件系统进行格式化

注意：格式化时会清除分区上的所有数据，安全起见，要及时备份重要数据。

5.2.4 磁盘挂载/卸载

格式化完成以后，我们还不能使用磁盘，只有挂载以后才能使用磁盘，原因如下。

Linux 的宗旨是一切皆文件，要想使用磁盘，就必须先建立一个联系，这个联系就是一个目录，建立联系的过程称为挂载。

当我们访问 sdb2 下的目录时，实际上访问的是 sdb2 这个设备文件。这个目录相当于一个访问 sdb2 的入口，可以将其理解为一个接口，有了这个接口才可以访问这个磁盘。

在安装 Linux 操作系统的过程中，自动建立或识别的分区（如根分区、boot 分区等）通常会由系统自动完成挂载工作。后来新增加的硬盘分区、光盘、U 盘等设备必须由管理员手动挂载到系统目录中。

Linux 操作系统中提供了两个默认的挂载目录，即/media 和/mnt。/media 为系统自动挂载点；/mnt 为手动挂载点。

从理论上讲，Linux 操作系统中的任何一个目录都可以作为挂载点使用，但从系统的角度出发，/bin、/sbin、/etc、/lib、/lib64 这几个目录是不能作为挂载点使用的。

1. 临时挂载

mount 命令的作用是将一个设备（通常是存储设备）挂载到一个已经存在的目录下，访问这个目录就是访问该存储设备，挂载的目录会在重启后失效。mount 命令的语法格式如下：

mount [选项] [--source] <源> | [--target] <目录>

mount 命令的选项及说明如表 5-9 所示。

表 5-9 mount 命令的选项及说明

选项	说明
-a	挂载 fstab 中的所有文件系统
-c	不对路径进行规范化处理
-f	空运行，跳过 mount(2)系统调用

续表

选项	说明
-F	对每个设备禁用 fork（和-a 选项一起使用）
-T	/etc/fstab 的替代文件
-h	显示帮助信息并退出
-i	不调用 mount.<类型>助手程序
-l	列出所有带有指定标签的挂载
-n	不写/etc/mtab
-o	挂载选项列表，以英文逗号分隔
-r	以只读方式挂载文件系统（同-o ro）
-t	限制文件系统类型集合
-v	打印当前进行的操作
-V	显示版本信息并退出
-w	以读写方式挂载文件系统（默认）

mount 命令的-t<文件系统类型>与-o<选项>中各选项的参数及含义，如表 5-10 所示。

表 5-10 mount 命令的-t<文件系统类型>与-o<选项>中各选项的参数及含义

-t <文件系统类型>		-o <选项>	
参数	含义	参数	含义
ext4/xfs	Linux 操作系统目前常用的文件系统	ro	以只读方式挂载
msdos	ms-dos 的文件系统，即 FAT16	rw	以读写方式挂载
vfat	FAT32	remount	重新挂载已经挂载的设备
iso9660	CD-ROM 光盘标准文件系统	user	允许一般用户挂载设备
ntfs	NTFS 文件系统	nouser	不允许一般用户挂载设备
auto	自动检测文件系统	codepage=xxx	代码页
swap	交换分区的系统类型	iocharset=xxx	字符集

设备文件名对应分区的设备名，如/dev/sdb2；挂载点为用户指定用于挂载点的目录，挂载点的目录需要满足以下几个方面的要求。

（1）目录事先存在，可使用 mkdir 命令新建目录。

（2）挂载点目录不可被其他进程使用。

（3）挂载点下的原有文件将被隐藏。

【例 5-6】将【例 5-2】中创建的硬盘/dev/sdb 的第 1 个分区挂载到/open-sdb 目录下，执行相关操作命令如下：

```
[root@localhost ~]# mkdir /open-sdb                    //新建目录
[root@localhost ~]# mount /dev/sdb1 /open-sdb          //挂载目录
```

【例 5-7】将【例 5-3】中创建的硬盘/dev/sdc 的第 2 个分区挂载到/open-data2 目录下，执行相关操作命令如下：

[root@localhost ~]# mkdir /open-data2

[root@localhost ~]# mount /dev/sdc2 /open-data2

完成挂载后，可以使用 df 命令查看挂载情况，df 命令主要用来于查看系统中已经挂载的各个文件系统的磁盘使用情况，以及获取硬盘被占用了多少空间、目前还剩下多少空间等信息。该命令的语法格式如下：

df　[选项]　[文件]

df 命令的选项及说明如表 5-11 所示。

表 5-11　df 命令的选项及说明

选项	说明
-a	显示所有文件系统的磁盘使用情况
-h	以易于人们阅读的格式输出
-H	等效于-h 选项，但计算时，1K=1000，而非 1K=1024
-T	输出所有已挂载文件系统的类型
-i	输出文件系统的 inode 信息，如果 inode 满了，则即使仍有空间，也依然不能存储
-k	按块大小输出文件系统的磁盘使用情况
-l	只显示本机的文件系统

【例 5-8】使用 df 命令查看磁盘使用情况，执行相关操作命令如下：

[root@localhost mnt]# df　-hT						
文件系统	类型	容量	已用	可用	已用%	挂载点
/dev/mapper/centos-root	xfs	36GB	5.2GB	30GB	15%	/
devtmpfs	devtmpfs	1.9GB	0	1.9GB	0%	/dev
tmpfs	tmpfs	1.9GB	0	1.9GB	0%	/dev/shm
tmpfs	tmpfs	1.9GB	13MB	1.9GB	1%	/run
tmpfs	tmpfs	1.9GB	0	1.9GB	0%	/sys/fs/cgroup
/dev/sda1	xfs	1014MB	179MB	836MB	18%	/boot
tmpfs	tmpfs	378MB	0	378MB	0%	/run/user/0
tmpfs	tmpfs	378MB	12KB	378MB	1%	/run/user/42
/dev/sdb1	ext4	4.8GB	20MB	4.6GB	1%	/open-sdb
/dev/sdc2	ext4	14.9GB	9.0MB	14.8GB	1%	/open-data2

2. 永久挂载

在 Linux 操作系统关机或重启时，通过 mount 命令挂载的文件系统会被自动卸载，故手动挂载磁盘之后必须把挂载信息写入/etc/fstab 文件中，该文件中的内容会在系统开机时被自动读取，该文件中指定的文件系统会被挂载到指定的目录下。这样，我们只需要将磁盘的挂载信息写入这个文件中，而不需要每次开机启动之后手动进行挂载。/etc/fstab 文件称为系统数据表（File System Table），其中显示的是系统中已经存在的挂载信息。

/etc/fstab 文件的格式如图 5-9 所示。

<file system>	<dir>	<type>	<options>	<dump>	<pass>
tmpfs	/tmp	tmpfs	nodev,nosuid	0	0
/dev/sda1	/	ext4	defaults,noatime	0	1
/dev/sda2	none	swap	defaults	0	0

图 5-9 /etc/fstab 文件的格式

该文件中的每一行对应一个自动挂载设备，每行包括 6 列，每列字段的功能说明如表 5-12 所示。

表 5-12 /etc/fstab 文件中每列字段的功能说明

字段	功能说明
第 1 列	需要挂载的设备文件名
第 2 列	挂载点，必须是一个目录名，且必须使用绝对路径
第 3 列	文件系统类型，可以写成 auto，表示由系统自动检测
第 4 列	挂载参数，一般采用 defaults，还可以设置为 rw、suid、dev、exec、auto 等参数
第 5 列	能否被 dump 备份（dump 是一个用于备份的命令）
第 6 列	是否检验扇区，在开机的过程中，默认以 fsck 检验系统是否完整

fstab 中的重要参数及功能说明如表 5-13 所示。

表 5-13 fstab 中的重要参数及功能说明

字段	参数	功能说明
options	auto	在启动时或键入 mount -a 命令后自动挂载
	ro	以只读模式挂载文件系统
	rw	以读写模式挂载文件系统
	user	允许任意用户挂载此文件系统
	nouser	只能被 root 用户挂载此文件系统
	dev/nodev	解析/不解析文件系统上的块特殊设备
	noatime/nodiratime	不更新文件系统/目录上的 inode 访问记录（可以提升性能）

续表

字段	参数	功能说明
options	defaults	使用文件系统的默认挂载参数
	sync/async	I/O 同步/异步进行
	suid/nosuid	允许/不允许 suid 操作和设定 sgid 位，这一参数通常用于一些特殊任务，为一般用户运行程序临时提升权限
dump	0/1	0 表示忽略，1 表示进行备份。大部分用户是没有安装 dump 的，对他们而言<dump>应为 0
pass	0/1/2	根目录应当获得最高的优先权 1，其他所有需要被检查的设备为 2，0 表示设备不会被 fsck 检查

【例 5-9】将【例 5-4】中创建的硬盘/dev/sdb 的第 1 个分区以 Ext4 文件系统类型自动挂载到/open-sdb 目录下。编辑/etc/fstab 文件，在文件尾部添加一行命令，执行相关操作命令如下：

```
[root@localhost ~]# vim /etc/fstab
# /etc/fstab
# Created by anaconda on Mon Jun  8 01:15:36 2020
#
# Accessible filesystems, by reference, are maintained under '/dev/disk'
# See man pages fstab(5), findfs(8), mount(8) and/or blkid(8) for more info
#
/dev/mapper/centos-root  /           xfs     defaults    0 0
UUID=6d58086e-0a6b-4399-93dc-c2016ea17fe0 /boot xfs defaults 0 0
/dev/mapper/centos-swap  swap                swap    defaults    0 0
/dev/sdb1   /open-sdb   ext4    defaults    0 0
~
"/etc/fstab" 11L, 515C 已写入
[root@localhost ~]# mount -a           //自动挂载系统中的所有文件系统
```

3. 卸载文件系统

umount 命令用于卸载一个已经挂载的文件系统（分区），相当于 Windows 操作系统中的弹出设备，该命令的语法格式如下：

umount [选项] <源> | <目录>

umount 命令的选项及说明如表 5-14 所示。

表 5-14 umount 命令的选项及说明

选项	说明
-a	卸载所有文件系统
-A	卸载当前命名空间内指定设备对应的所有挂载点

【例 5-10】将【例 5-6】中得到的硬盘/dev/sdb1 卸载，执行相关操作命令如下：

[root@localhost ~]# umount /dev/sdb

【例 5-11】将【例 5-7】中得到的硬盘/dev/sdc2 卸载，执行相关操作命令如下：

[root@localhost ~]# umount /open-data2

在使用 umount 命令卸载文件系统时，必须保证此时的文件系统未处于 busy 状态（使文件系统处于 busy 状态的情况：文件系统中有打开的文件，某个进程的工作目录在此文件系统中，文件系统的缓存文件正在被使用等）。

5.3 逻辑卷管理的基础知识

如何查看磁盘分区的信息

5.3.1 逻辑卷概述

在 Linux 操作系统中，磁盘管理机制大多使用 MBR（Master Boot Recorder）实现。先对一个硬盘进行分区，再将该分区进行文件系统的格式化，如果要使用该分区，将其挂载上去即可。当一个硬盘驱动器的空间被使用完时，想要扩展文件系统的大小会很难；当硬盘驱动器存储容量增加时，把整个硬盘驱动器分配给文件系统又会导致用户不能充分利用存储空间。

用户在安装 Linux 操作系统时常遇到的问题是不知道如何正确评估分区的大小，以及不确定如何分配合适的硬盘空间。普通的磁盘分区管理方式在逻辑分区划分好之后就无法再改变其大小了，当一个逻辑分区存放不下某个文件时，这个文件受上层文件系统的限制，不能跨越多个分区存放，也不能被存放到其他磁盘上。当某个分区空间被耗尽时，通常只能使用符号链接，或者使用调整分区大小的工具，但这并不能从根本上解决问题。随着逻辑卷管理功能的出现，上述问题迎刃而解，用户无须停机，便可轻松地调整各个分区的大小。

逻辑卷管理器（Logical Volume Manager，LVM）旨在实现对磁盘的动态管理，它是建立在磁盘分区和文件系统之间的一个逻辑层。利用 LVM，管理员不用重新进行磁盘分区，就可以动态调整文件系统的大小。此外，利用 LVM 管理的文件系统可以跨越磁盘，当服务器添加了新磁盘后，管理员不必将已有的磁盘文件移动到新的磁盘上，就可以通过 LVM

直接扩展文件系统，使其跨越磁盘。可以说，LVM 提供了一种非常高效、灵活的磁盘管理方式。

通过使用 LVM，用户可以在系统运行时动态调整文件系统的大小，把数据从一块硬盘重定位到另一块硬盘，同时提高 I/O 操作的性能，并提供冗余保护。LVM 的快照功能允许用户对逻辑卷进行实时备份。

一般情况下，用户使用最多的是动态调整文件系统大小的功能。利用 LVM 进行磁盘分区时，不必为如何设置分区的大小而烦恼，只要在硬盘中预留出部分空闲空间，就可以根据系统的使用情况动态调整分区大小。

LVM 在磁盘分区和文件系统之间添加了一个逻辑层，从而为文件系统屏蔽下层磁盘分区。通过这一功能，用户可以将若干个磁盘分区连接为一个整块的抽象卷组，从而在卷组中任意创建逻辑卷，并在逻辑卷中建立文件系统。最终在系统中挂载使用的就是逻辑卷，逻辑卷的使用方法与管理方式与普通的磁盘分区是完全一样的，LVM 磁盘组织结构如图 5-10 所示。

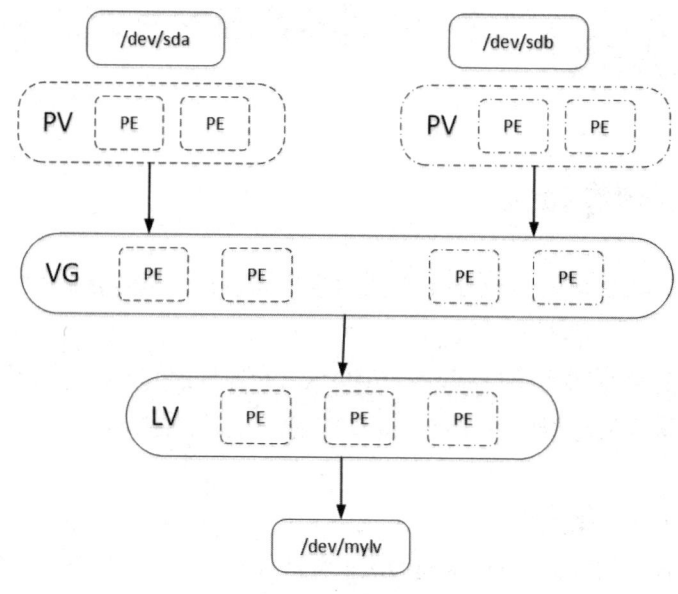

图 5-10　LVM 磁盘组织结构

在 LVM 中主要涉及以下几个概念。

（1）物理存储介质。

物理存储介质是指系统的物理存储设备（磁盘），如/dev/sda、/dev/had 等，是存储系统最底层的存储单元。

（2）物理卷。

物理卷（Physical Volume，PV）是指磁盘分区或逻辑上与磁盘分区具有同样功能的设备，是 LVM 的最基本存储逻辑块，和基本的物理存储介质（分区、磁盘）相比，它包含与 LVM 相关的管理参数。

（3）卷组。

卷组（Volume Group，VG）类似于非 LVM 系统中的物理磁盘，由一个或多个物理卷组成，可以在卷组上创建一个或多个逻辑卷。

（4）逻辑卷。

可以将卷组划分成若干个逻辑卷（Logical Volume，LV），相当于在逻辑硬盘上划分出几个逻辑分区。逻辑卷建立在卷组之上，每个逻辑卷上都可以创建具体的文件系统，如 /home、/mnt 等。

（5）物理块。

可以将物理卷划分成若干个大小相同的基本单元，这些基本单元称为物理块（Physical Extent，PE）。具有唯一编号的物理块是可以被 LVM 寻址的最小单元，物理块的大小是可以配置的（默认为 4MB）。

LVM 本质上是一个虚拟设备驱动，是在内核中的块设备和物理设备之间添加的一个新的抽象层次。传统的分区方式是直接对硬盘设备分区，而 LVM 是对逻辑卷进行划分。它可以将几块磁盘（PV 可以位于不同的磁盘分区里，其大小可以不一）组合起来，形成一个存储池或卷组（即 VG，一个 VG 至少要包含一个 PV）。该存储池或卷组不能直接使用，只有将其划分成逻辑卷后才能使用，LVM 可以每次从卷组中划分出不同大小的逻辑卷，从而创建新的逻辑设备。逻辑卷可以格式化成不同的文件系统，挂载后直接使用。底层的原始磁盘不再由内核直接控制，而由 LVM 控制。

逻辑卷具有如下优点。

（1）方便设备命名。

（2）磁盘条带化。

（3）具有灵活的容量。

（4）具有可伸缩的存储池。

（5）可进行在线数据再分配。

（6）可进行卷镜像和卷快照。

5.3.2 管理逻辑卷

逻辑卷创建流程如图 5-11 所示。

1. 创建磁盘分区

磁盘分区是实现 LVM 的前提和基础，在使用 LVM 时，首先需要划分磁盘分区，并将磁盘分区的类型设置为 8e，之后才能将分区初始化为物理卷。

在 fdisk 命令中，输入 t 可以更改分区的类型。如果不知道分区类型对应的 ID 号，则可以输入 L，查看各分区类型对应的 ID 号，如图 5-12 所示。

图 5-11 逻辑卷创建流程

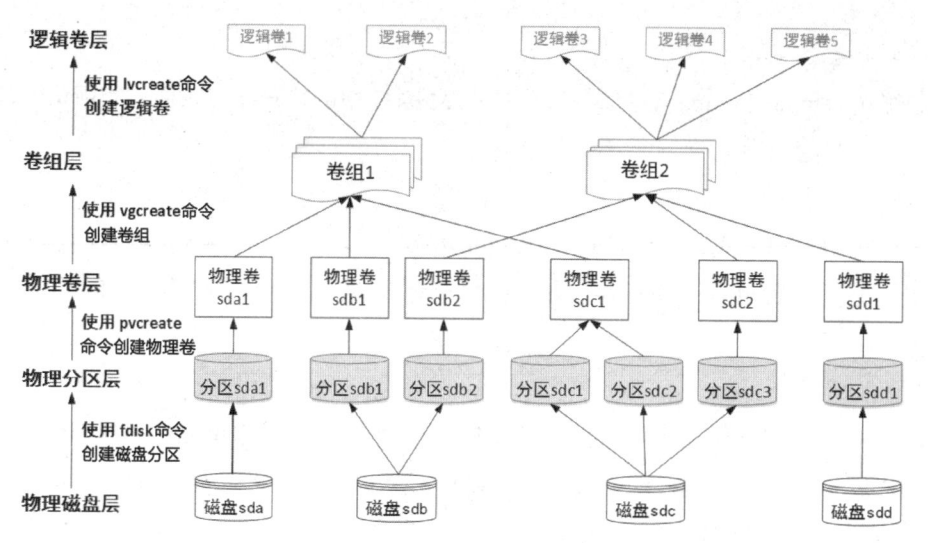

```
命令(输入 m 获取帮助): t
分区号 (1,2, 默认 2):
Hex 代码或别名（输入 L 列出所有代码）: L

 00  空                    24  NEC DOS              81  Minix / 旧 Linu       bf  Solaris
 01  FAT12                 27  隐藏的 NTFS Win      82  Linux swap / So       c1  DRDOS/sec (FAT-
 02  XENIX root            39  Plan 9               83  Linux                 c4  DRDOS/sec (FAT-
 03  XENIX usr             3c  PartitionMagic       84  OS/2 隐藏 或 In       c6  DRDOS/sec (FAT-
 04  FAT16 <32M            40  Venix 80286          85  Linux 扩展            c7  Syrinx
 05  扩展                  41  PPC PReP Boot        86  NTFS 卷集             da  非文件系统数据
 06  FAT16                 42  SFS                  87  NTFS 卷集             db  CP/M / CTOS / .
 07  HPFS/NTFS/exFAT       4d  QNX4.x               88  Linux 纯文本          de  Dell 工具
 08  AIX                   4e  QNX4.x 第2部分       8e  Linux LVM             df  BootIt
 09  AIX 可启动            4f  QNX4.x 第3部分       93  Amoeba                e1  DOS 访问
 0a  OS/2 启动管理器       50  OnTrack DM           94  Amoeba BBT            e3  DOS R/O
 0b  W95 FAT32             51  OnTrack DM6 Aux      9f  BSD/OS                e4  SpeedStor
 0c  W95 FAT32 (LBA)       52  CP/M                 a0  IBM Thinkpad 休       ea  Linux 扩展启动
 0e  W95 FAT16 (LBA)       53  OnTrack DM6 Aux      a5  FreeBSD               eb  BeOS fs
 0f  W95 扩展 (LBA)        54  OnTrackDM6           a6  OpenBSD               ee  GPT
 10  OPUS                  55  EZ-Drive             a7  NeXTSTEP              ef  EFI (FAT-12/16/
 11  隐藏的 FAT12          56  Golden Bow           a8  Darwin UFS            f0  Linux/PA-RISC
 12  Compaq 诊断           5c  Priam Edisk          a9  NetBSD                f1  SpeedStor
 14  隐藏的 FAT16 <3       61  SpeedStor            ab  Darwin 启动           f4  SpeedStor
 16  隐藏的 FAT16          63  GNU HURD 或 Sys      af  HFS / HFS+            f2  DOS 次要
 17  隐藏的 HPFS/NTF       64  Novell Netware       b7  BSDI fs               fb  VMware VMFS
 18  AST 智能睡眠          65  Novell Netware       b8  BSDI swap             fc  VMware VMKCORE
 1b  隐藏的 W95 FAT3       70  DiskSecure 多启      bb  Boot Wizard 隐        fd  Linux raid 自动
 1c  隐藏的 W95 FAT3       75  PC/IX                bc  Acronis FAT32 L       fe  LANstep
 1e  隐藏的 W95 FAT1       80  旧 Minix             be  Solaris 启动          ff  BBT

别名:
   linux          - 83
   swap           - 82
   extended       - 05
   uefi           - EF
   raid           - FD
   lvm            - 8E
   linuxex        - 85
```

图 5-12 各分区类型对应的 ID 号

【例5-12】将磁盘分区/dev/sdb 的类型设置为8e。执行相关操作命令如下：

[root@localhost ~]# fdisk /dev/sdb

……

命令（输入 m 获取帮助）：t

分区号（1,2, 默认 2）：

Hex 代码或别名（输入 L 列出所有代码）：8e

已将分区"Linux"的类型更改为"Linux LVM"。

2. 创建物理卷

pvcreate 命令用于将物理硬盘分区初始化为物理卷，以供 LVM 使用。该命令的语法格式如下：

pvcreate [选项] [参数]

pvcreate 命令的选项及说明如表 5-15 所示。

表 5-15 pvcreate 命令的选项及说明

选项	说明
-f	强制创建物理卷，不需要用户确认
-u	指定设备的 UUID
-y	所有问题都回答 yes
-Z	是否利用前 4 个扇区

【例5-13】创建/dev/sdb1、/dev/sdb2 为物理卷。执行相关操作命令如下：

[root@localhost ~]# pvcreate /dev/sdb1 /dev/sdb2

　　Physical volume "/dev/sdb1" successfully created.

　　Physical volume "/dev/sdb2" successfully created.

pvscan 命令用于扫描系统中连接的所有硬盘，并列出找到的物理卷列表。该命令的语法格式如下：

pvscan [选项] [参数]

pvscan 命令的选项及说明如表 5-16 所示。

表 5-16 pvscan 命令的选项及说明

选项	说明
-d	调试模式
-n	仅显示不属于任何卷组的物理卷
-s	短格式输出

续表

选项	说明
-u	显示 UUID
-e	仅显示属于输出卷组的物理卷

【例 5-14】查看系统的物理卷。相关操作命令如下：

```
[root@localhost ~]# pvscan
```

3. 创建卷组

在创建卷组时会自动生成卷组设备文件，该卷组设备文件位于/dev/目录下，与卷组同名，卷组中的所有逻辑设备文件都保存在该目录下。卷组中可以包含一个或多个物理卷，vgcreate 命令用于创建 LVM 卷组。该命令的语法格式如下：

```
vgcreate   [选项]   卷组名 物理卷名 [物理卷名…]
```

vgcreate 命令的选项及说明如表 5-17 所示。

表 5-17 vgcreate 命令的选项及说明

选项	说明
-l	卷组中允许创建的最大逻辑卷数
-p	卷组中允许添加的最大物理卷数
-s	卷组中的物理块的大小，默认值为 4MB

【例 5-15】将物理卷/dev/sdb1、/dev/sdb2 创建为一个卷组，卷组名称为 my-vg。执行相关操作命令如下：

```
[root@localhost ~]# vgcreate   my-vg   /dev/sdb1   /dev/sdb2
  Volume group "my-vg" successfully created
```

vgdisplay 命令用于显示 LVM 卷组的信息，如果不指定卷组参数，则分别显示所有卷组的属性。该命令的语法格式如下：

```
vgdisplay   [选项]   [卷组名]
```

vgdisplay 命令的选项及说明如表 5-18 所示。

表 5-18 vgdisplay 命令的选项及说明

选项	说明
-A	仅显示活动卷组的属性

【例 5-16】查看卷组 my-vg 的信息。相关操作命令如下：

```
[root@localhost ~]# vgdisplay my-vg
```

4. 创建逻辑卷

lvcreate 命令用于创建 LVM 逻辑卷，逻辑卷是创建在卷组之上的，其对应的设备文件存放在卷组目录下。lvcreate 命令的语法格式如下：

lvcreate　[选项]　逻辑卷名　卷组名

lvcreate 命令的选项及说明如表 5-19 所示。

表 5-19　lvcreate 命令的选项及说明

选项	说明
-L	指定逻辑卷的大小，单位为"kKmMgGtT"字节
-l	指定逻辑卷的大小（LE 数）
-n	后面跟逻辑卷名
-s	创建快照

【例 5-17】将卷组 my-vg 创建为容量为 8GB 的逻辑卷，所创建逻辑卷的名称为 my-lv。执行相关操作命令如下：

```
[root@localhost ~]# lvcreate -L 8G -n my-lv my-vg
  Logical volume "my-lv" created.
```

lvdisplay 命令用于显示 LVM 逻辑卷的空间大小、读写状态和快照信息等属性，如果省略逻辑卷参数，则显示所有的逻辑卷属性，否则仅显示指定的逻辑卷属性。lvdisplay 命令的语法格式如下：

lvdisplay　[选项]　逻辑卷名

lvdisplay 命令的选项及说明如表 5-20 所示。

表 5-20　lvdisplay 命令的选项及说明

选项	说明
-C	以列的形式显示
-h	显示帮助

【例 5-18】查询系统的逻辑卷信息。执行相关操作命令如下：

```
[root@localhost ~]# lvdisplay
  --- Logical volume ---
  LV Path                /dev/my-vg/my-lv
  LV Name                my-lv
  VG Name                my-vg
  ……                     ……
```

【例 5-19】查询系统逻辑卷 my-lv 的信息。执行相关操作命令如下：

```
[root@localhost ~]# lvdisplay /dev/my-vg/my-lv
```

5. 创建并挂载文件系统

逻辑卷相当于一个磁盘分区，使用前要进行格式化和挂载。

创建挂载点目录，将逻辑卷进行 mount 手动挂载，或者修改/etc/fstab 文件进行自动挂载，之后就可以使用逻辑卷了。

5.3.3 动态调整逻辑卷

建立好逻辑卷以后，还可以根据需要对它进行扩展、缩减和删除等操作。

1. 添加新的物理卷到卷组

vgextend 命令用于动态扩展 LVM 卷组，它通过向卷组中添加物理卷来增加该卷组的容量，LVM 卷组中的物理卷可以在使用 vgcreate 命令创建卷组时添加，也可以使用 vgextend 命令动态地添加。vgextend 命令的语法格式如下：

vgextend　　[选项]　　[卷组名]　　[物理卷路径]

vgextend 命令的选项及说明如表 5-21 所示。

表 5-21　vgextend 命令的选项及说明

选项	说明
-d	调试模式
-f	强制扩展卷组
-h	显示命令的帮助信息
-v	显示详细信息

【例 5-20】创建容量为 2GB 的物理卷/dev/sdb3，并将其添加到卷组 my-vg 中。执行相关操作命令如下：

```
[root@localhost ~]# lpvcreate /dev/sdb3
[root@localhost ~]# vgextend my-vg /dev/sdb3
```

2. 扩展逻辑卷空间

lvextend 命令用于动态在线扩展逻辑卷的空间大小，且不会中断应用程序对逻辑卷的访问。lvextend 命令的语法格式如下：

lvextend　　[选项]　　[逻辑卷路径]

lvextend 命令的选项及说明如表 5-22 所示。

表 5-22　lvextend 命令的选项及说明

选项	说明
-f	强制扩展
-L	指定逻辑卷的大小，单位为"kKmMgGtT"字节
-l	指定逻辑卷的大小（LE 数）
-r	重置文件系统使用的空间大小，单位为"kKmMgGtT"字节

【例 5-21】将卷组 my-vg 的 3GB 容量扩展到逻辑卷 my-lv 中。执行相关操作命令如下：

[root@localhost ~]# lvextend -L +3G /dev/my-vg/my-lv

3. 缩减逻辑卷空间

lvreduce 命令用于缩减 LVM 逻辑卷占用的空间大小。使用 lvreduce 命令缩减逻辑卷的空间大小有可能导致逻辑卷上已有的数据被删除，所以在操作前必须进行确认。lvreduce 命令的语法格式如下：

lvreduce　[选项]　[参数]

lvreduce 命令的选项及说明如表 5-23 所示。

表 5-23　lvreduce 命令的选项及说明

选项	说明
-L	指定逻辑卷的大小，单位为"kKmMgGtT"字节
-l	指定逻辑卷的大小（LE 数）

【例 5-22】将逻辑卷 my-lv 中的 8GB 容量缩减掉。执行相关操作命令如下：

[root@localhost ~]# lvreduce -L-8G /dev/my-vg/my-lv

4. 从卷组中移除物理卷

vgreduce 命令用于移除 LVM 卷组中的物理卷，以减少卷组容量。vgreduce 命令的语法格式如下：

vgreduce　[选项]　[卷组名]　[物理卷路径]

vgreduce 命令的选项及说明如表 5-24 所示。

表 5-24　vgreduce 命令的选项及说明

选项	说明
-a	如果没有指定要移除的物理卷，那么移除所有空的物理卷
--removemising	移除卷组中所有丢失的物理卷，使卷组恢复正常状态

【例 5-23】移除卷组 my-vg 中的物理卷/dev/sdb3。执行相关操作命令如下：

[root@localhost ~]# vgreduce my-vg /dev/sdb3

5. 删除逻辑卷

lvremove 命令用于删除指定的逻辑卷。该命令的语法格式如下：

lvremove [选项]　　[逻辑卷路径]

lvremove 命令的选项及说明如表 5-25 所示。

表 5-25　lvremove 命令的选项及说明

选项	说明
-f	强制删除
-noudevsync	禁用 udev 同步

【例 5-24】删除逻辑卷 my-lv。执行相关操作命令如下：

[root@localhost ~]# lvremove /dev/my-vg/my-lv

6. 删除卷组

vgremove 命令用于删除指定的卷组。该命令的语法格式如下：

vgremove　[选项]　[卷组名]

vgremove 命令的选项及说明如表 5-26 所示。

表 5-26　vgremove 命令的选项及说明

选项	说明
-f	强制删除
-v	显示详细信息

【例 5-25】删除卷组 my-vg。执行相关操作命令如下：

[root@localhost ~]# vgremove my-vg

7. 删除物理卷

pvremove 命令用于删除指定的物理卷。该命令的语法格式如下：

pvremove　[选项]　[物理卷]

pvremove 命令的选项及说明如表 5-27 所示。

表 5-27　pvremove 命令的选项及说明

选项	说明
-f	强制删除
-y	所有问题都回答 yes

【例 5-26】删除物理卷/dev/sdb1 和/dev/sdb2。执行相关操作命令如下：

[root@localhost ~]# pvremove /dev/sdb1 /dev/sdb2

需要注意的是，在实际生产环境中部署 LVM 时，应先创建物理卷、卷组、逻辑卷，再创建并挂载文件系统。如果想重新部署 LVM 或不再需要使用 LVM，则需要执行 LVM 的删除操作，其过程正好与创建 LVM 相反，为此，需要提前备份好重要的数据信息，之后依次卸载文件系统，删除逻辑卷、卷组、物理卷，这个顺序不可颠倒。

自学自测

一、选择题

1．在 Linux 操作系统中，最多可以划分（　　）个主分区。
　　A．1　　　　　　B．2　　　　　　C．4　　　　　　D．8

2．在 Linux 操作系统中，按照设备分区的命名规则，应将 IDE 接口的第 1 个硬盘的第 3 个主分区命名为（　　）。
　　A．/dev/hda0　　B．/dev/hda1　　C．/dev/hda2　　D．/dev/hda3

3．在 Linux 操作系统中，SCSI 硬盘设备节点前缀为（　　）。
　　A．hd　　　　　B．md　　　　　C．sd　　　　　D．sr

4．在 Linux 操作系统中，磁盘阵列设备节点前缀为（　　）。
　　A．hd　　　　　B．md　　　　　C．sd　　　　　D．sr

5．在 Linux 操作系统中，SCSI 数据光驱设备节点前缀为（　　）。
　　A．hd　　　　　B．md　　　　　C．sd　　　　　D．sr

6．在 Linux 操作系统中，IDE 硬盘设备节点前缀为（　　）。
　　A．hd　　　　　B．md　　　　　C．sd　　　　　D．sr

7．在 Linux 操作系统中，使用 fdisk 命令进行磁盘分区时，输入 n 可以创建分区，输入（　　）可以创建主分区。
　　A．p　　　　　　B．l　　　　　　C．e　　　　　　D．w

8．在 Linux 操作系统中，mkfs 命令可用于在硬盘上创建文件系统，下列选项中用于设置文件系统类型的是（　　）。
　　A．-t　　　　　　B．-h　　　　　　C．-v　　　　　　D．l

9．在 Linux 操作系统中，mkfs 命令可用于在硬盘上创建文件系统，若不指定文件系统类型，则默认使用（　　）文件系统类型。
　　A．XFS　　　　B．Ext2　　　　C．Ext3　　　　D．Ext4

10．mount 命令可用于将一个设备（通常是存储设备）挂载到一个已经存在的目录下，其中，使用（　　）选项可以设置文件系统类型。

A．-o B．-l C．-n D．-t

11．使用 fdisk 命令时，输入 t 可以更改分区类型，若不知道分区类型对应的 ID 号，则可以输入 L 对其进行查询。若要将分区类型修改为"Linux LVM"，则要将分区的 ID 号修改为（　　）。

A．86 B．87 C．88 D．8e

12．使用 fdisk 命令时，输入 t 可以更改分区类型，若不知道分区类型对应的 ID 号，则可以输入 L 对其进行查询。若要将分区类型修改为"Linux raid 自动"，则要将分区的 ID 号修改为（　　）。

A．fb B．fc C．fd D．fe

13．若想在一个新分区上建立文件系统，则应使用（　　）命令。

A．fdisk B．mkfs C．format D．makefs

二、简答题

1．简述 Linux 操作系统中设备的命名规则。
2．如何进行磁盘挂载与卸载？
3．如何创建逻辑卷？

课中实训

任务 5.1　使用 fdisk 命令进行硬盘分区

1．任务要求

（1）学会使用 fdisk 命令进行硬盘分区。

（2）学会配置临时挂载。

2．任务实施

（1）在虚拟机中添加硬盘。

练习硬盘分区操作之前，需要在虚拟机中添加一块新的硬盘。由于 SCSI 接口的硬盘支持热插拔，因此可以在虚拟机开机的状态下直接添加。

① 打开虚拟机软件，选择菜单栏中的"虚拟机"选项卡中的"设置"选项，如图 5-13 所示。

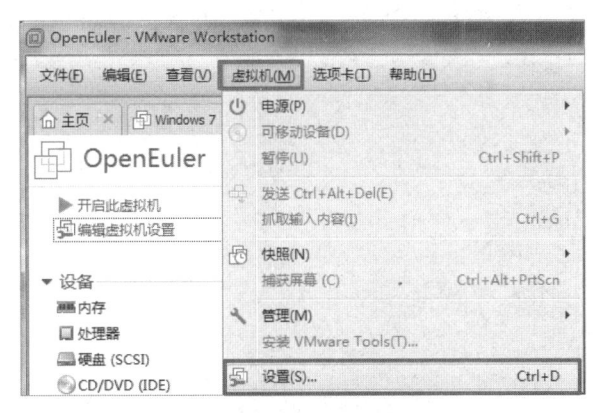

图 5-13 选择"设置"选项

② 在弹出的"虚拟机设置"对话框中,单击"添加"按钮,如图 5-14 所示。

图 5-14 "虚拟机设置"对话框

③ 在"添加硬件向导"对话框的"硬件类型"选区中,选择"硬盘"选项,单击"下一步"按钮,如图 5-15 所示。

④ 在"选择磁盘类型"界面中,选中"SCSI"单选按钮,单击"下一步"按钮,如图 5-16 所示。

⑤ 在"选择磁盘"界面中,选中"创建新虚拟磁盘"单选按钮,单击"下一步"按钮,如图 5-17 所示。

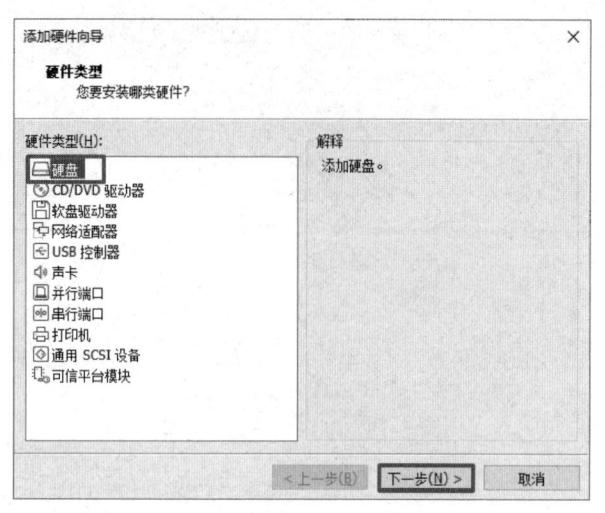

图 5-15 "添加硬件向导"对话框

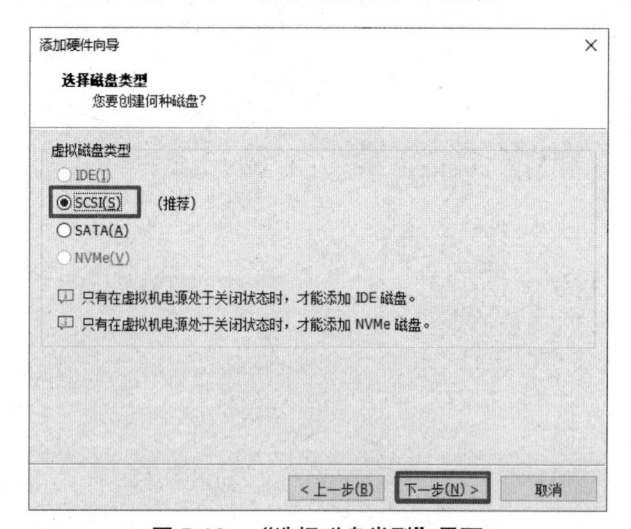

图 5-16 "选择磁盘类型"界面

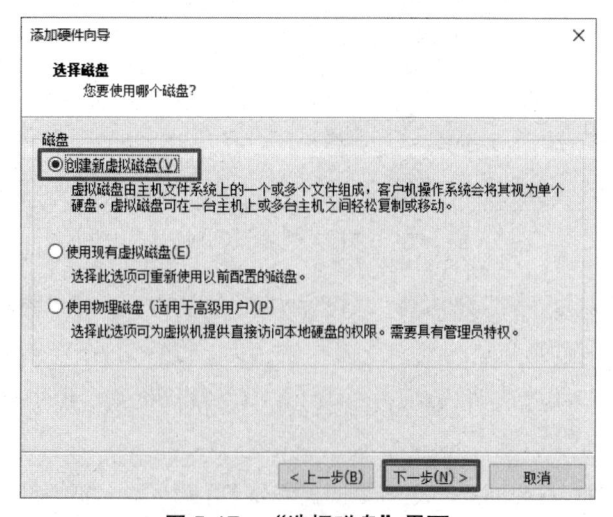

图 5-17 "选择磁盘"界面

⑥ 在"指定磁盘容量"界面中，设置"最大磁盘大小（GB）"为"20.0"，单击"下一步"按钮，如图 5-18 所示。

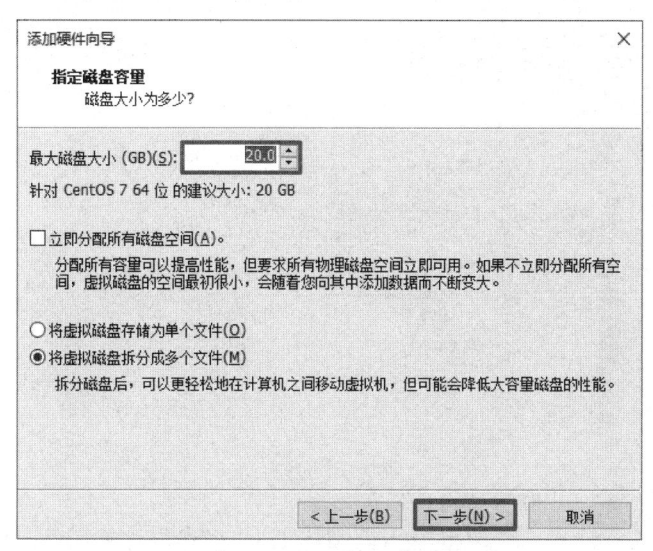

图 5-18 "指定磁盘容量"界面

⑦ 在"指定磁盘文件"界面中，输入磁盘文件名称。单击"完成"按钮，完成在虚拟机中添加硬盘的操作，如图 5-19 所示。

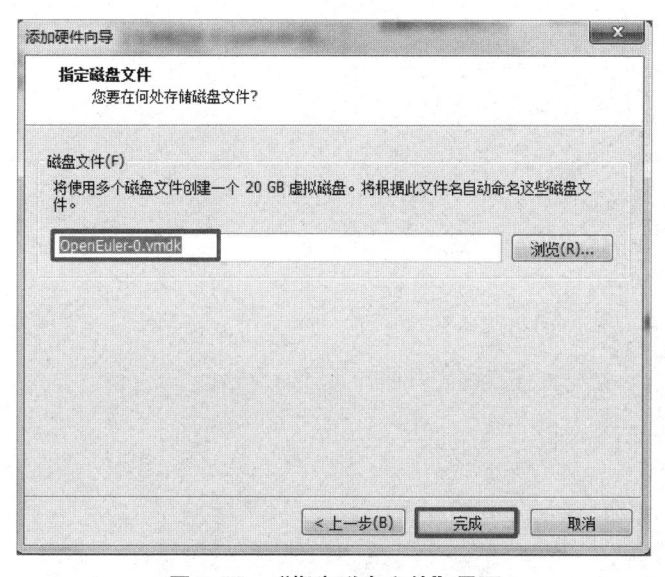

图 5-19 "指定磁盘文件"界面

⑧ 返回"虚拟机设置"对话框，可以看到刚刚添加的容量为 20GB 的 SCSI 硬盘，如图 5-20 所示。

图 5-20　完成在虚拟机中添加硬盘

⑨ 单击"确定"按钮，返回虚拟机软件界面，重新启动 Linux 操作系统，执行 fdisk -l 命令，查看硬盘分区信息，执行相关操作命令如下：

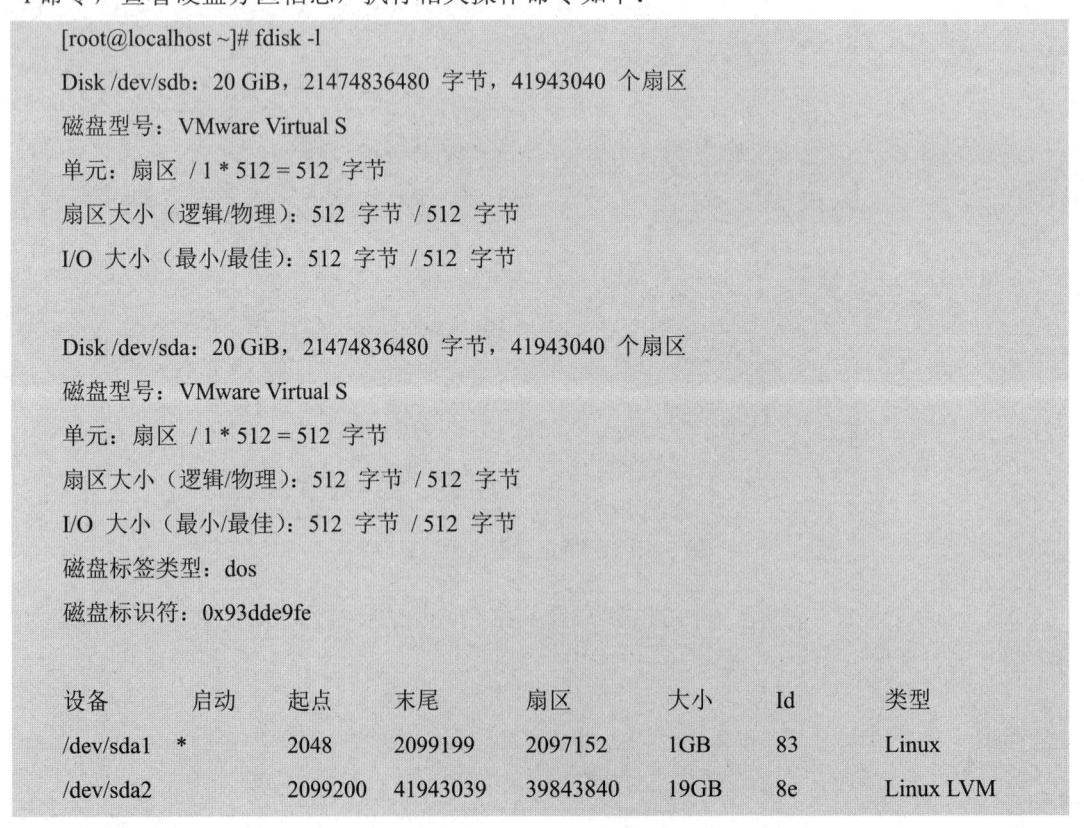

[root@localhost ~]# fdisk -l

Disk /dev/sdb：20 GiB，21474836480 字节，41943040 个扇区

磁盘型号：VMware Virtual S

单元：扇区 / 1 * 512 = 512 字节

扇区大小（逻辑/物理）：512 字节 / 512 字节

I/O 大小（最小/最佳）：512 字节 / 512 字节

Disk /dev/sda：20 GiB，21474836480 字节，41943040 个扇区

磁盘型号：VMware Virtual S

单元：扇区 / 1 * 512 = 512 字节

扇区大小（逻辑/物理）：512 字节 / 512 字节

I/O 大小（最小/最佳）：512 字节 / 512 字节

磁盘标签类型：dos

磁盘标识符：0x93dde9fe

设备	启动	起点	末尾	扇区	大小	Id	类型
/dev/sda1	*	2048	2099199	2097152	1GB	83	Linux
/dev/sda2		2099200	41943039	39843840	19GB	8e	Linux LVM

Disk /dev/mapper/openeuler-root: 17 GiB，18249416704 字节，35643392 个扇区

单元：扇区 / 1 * 512 = 512 字节

扇区大小（逻辑/物理）：512 字节 / 512 字节

I/O 大小（最小/最佳）：512 字节 / 512 字节

Disk /dev/mapper/openeuler-swap: 2 GiB，2147483648 字节，4194304 个扇区

单元：扇区 / 1 * 512 = 512 字节

扇区大小（逻辑/物理）：512 字节 / 512 字节

I/O 大小（最小/最佳）：512 字节 / 512 字节

可以看到，新增加了硬盘/dev/sdb。接下来就可以在该硬盘上建立新的分区了。

（2）磁盘分区。

使用 fdisk 命令对新增加的 SCSI 硬盘/dev/sdb 进行分区操作，在此硬盘上创建两个主分区和一个扩展分区，并在扩展分区上创建两个逻辑分区。

① 执行"fdisk /dev/sdb"命令，进入交互式的分区管理界面，在操作界面的"命令（输入 m 获取帮助）："提示符后，用户可以通过输入特定的指令来完成各项分区管理任务。首先输入 n，进行创建分区的操作，包括创建主分区、扩展分区和逻辑分区。然后根据提示继续输入 p，选择创建主分区；输入 e，选择创建扩展分区。最后依次选择分区序号、起始位置、结束位置或分区大小。

选择分区序号时，主分区和扩展分区的序号只能为 1~4，分区的起始位置一般由 fdisk 命令默认识别，结束位置或分区大小可以使用"+size{K，M，G}"的形式，如"+5G"表示将分区的大小设置为 5GB。

下面我们创建一个大小为 5GB 的主分区，主分区创建结束之后，输入 p，查看已创建好的分区/dev/sdb1。执行相关操作命令如下：

```
[root@localhost ~]# fdisk    /dev/sdb
欢迎使用  fdisk (util-Linux 2.23.2)。
更改将停留在内存中，直到您决定将更改写入磁盘。
使用写入命令前请三思。
Device does not contain a recognized partition table
使用磁盘标识符 0xfb0b9128 创建新的 DOS 磁盘标签。
命令（输入 m 获取帮助）: n
Partition type:
    p    primary (0 primary, 0 extended, 4 free)
    e    extended
```

```
Select (default p): p

分区号（1～4，默认 1）：1

起始 扇区（2048～41943039，默认为 2048）：

将使用默认值 2048

Last 扇区,+扇区 or +size{K,M,G} (2048-41943039，默认为 41943039)：+5G

分区 1 已设置为 Linux 类型，大小为 5 GB


命令（输入 m 获取帮助）：p

磁盘 /dev/sdb：21.5 GB，21474836480 字节，41943040 个扇区
Units = 扇区 of 1 * 512 = 512 bytes
扇区大小（逻辑/物理）：512 字节 / 512 字节
I/O 大小（最小/最佳）：512 字节 / 512 字节
磁盘标签类型：dos
磁盘标识符：0x0bcee221
```

设备	启动	起点	末尾	扇区	Id	类型
/dev/sdb1		2048	10487807	5242880	83	Linux

```
命令（输入 m 获取帮助）：
```

② 继续创建第二个大小为 3GB 的主分区，主分区创建结束之后，输入 p，查看已创建好的分区/dev/sdb1、/dev/sdb2，执行相关操作命令如下：

```
命令（输入 m 获取帮助）：n
Partition type:
   p   primary (1 primary, 0 extended, 3 free)
   e   extended
Select (default p): p

分区号（2～4，默认 2）：2

起始 扇区 (10487808～41943039，默认为 10487808)：

将使用默认值 10487808

Last 扇区,+扇区 or +size{K,M,G} (10487808-41943039，默认为 41943039)：+3G

分区 2 已设置为 Linux 类型，大小为 3 GB


命令（输入 m 获取帮助）：p
```

磁盘 /dev/sdb：21.5 GB，21474836480 字节，41943040 个扇区
Units = 扇区 of 1 * 512 = 512 bytes
扇区大小（逻辑/物理）：512 字节 / 512 字节
I/O 大小（最小/最佳）：512 字节 / 512 字节
磁盘标签类型：dos
磁盘标识符：0x0bcee221

设备 启动	起点	末尾	扇区	Id	类型
/dev/sdb1	2048	10487807	5242880	83	Linux
/dev/sdb2	10487808	16779263	3145728	83	Linux

命令（输入 m 获取帮助）：

③ 继续创建扩展分区，需要特别注意的是，必须将所有的剩余磁盘空间全部分配给扩展分区。输入 e，创建扩展分区，扩展分区创建完成后，输入 p，查看已经创建好的主分区和扩展分区。执行相关操作命令如下：

命令（输入 m 获取帮助）：n
Partition type:
   p   primary (2 primary, 0 extended, 2 free)
   e   extended
Select (default p): e
分区号（3,4，默认 3）：
起始 扇区（16779264～41943039，默认为 16779264）：
将使用默认值 16779264
Last 扇区，+扇区 or +size{K,M,G} (16779264-41943039，默认为 41943039)：
将使用默认值 41943039
分区 3 已设置为 Extended 类型，大小为 12 GB

命令（输入 m 获取帮助）：p

磁盘 /dev/sdb：21.5 GB，21474836480 字节，41943040 个扇区
Units = 扇区 of 1 * 512 = 512 bytes
扇区大小（逻辑/物理）：512 字节 / 512 字节
I/O 大小（最小/最佳）：512 字节 / 512 字节
磁盘标签类型：dos
磁盘标识符：0x0bcee221

设备 启动	起点	末尾	扇区	Id	类型
/dev/sdb1	2048	10487807	5242880	83	Linux
/dev/sdb2	10487808	16779263	3145728	83	Linux
/dev/sdb3	16779264	41943039	12581888	5	Extended

命令（输入 m 获取帮助）：

扩展分区的起始扇区和结束扇区使用默认的值就可以。可以把所有的剩余磁盘空间（12GB）全部分配给扩展分区，从上面的操作可以看出，划分的两个主分区的容量分别为5GB和3GB，扩展分区的容量为12GB。

④ 扩展分区创建完成后就可以创建逻辑分区了，在扩展分区上创建两个逻辑分区，其磁盘容量分别为8GB和4GB。需要说明的是，在创建逻辑分区时不需要指定分区序号，系统会自动从5开始顺序编号。执行相关操作命令如下：

命令（输入 m 获取帮助）：n

Partition type:

   p   primary (2 primary, 1 extended, 1 free)

   l   logical (numbered from 5)

Select (default p): l

添加逻辑分区 5

起始 扇区（16781312～41943039，默认为 16781312）：

将使用默认值 16781312

Last 扇区,+扇区 or +size{K,M,G} (16781312-41943039，默认为 41943039): +8G

分区 5 已设置为 Linux 类型，大小为 8 GB

命令（输入 m 获取帮助）：n

Partition type:

   p   primary (2 primary, 1 extended, 1 free)

   l   logical (numbered from 5)

Select (default p): l

添加逻辑分区 6

起始 扇区（33560576～41943039，默认为 33560576）：

将使用默认值 33560576

Last 扇区,+扇区 or +size{K,M,G} (33560576-41943039，默认为 41943039)：

将使用默认值 41943039

分区 6 已设置为 Linux 类型，大小为 4 GB

⑤ 再次输入 p，查看分区创建情况。执行相关操作命令如下：

命令（输入 m 获取帮助）：p

磁盘 /dev/sdb：21.5 GB, 21474836480 字节，41943040 个扇区

Units = 扇区 of 1 * 512 = 512 bytes

扇区大小（逻辑/物理）：512 字节 / 512 字节

I/O 大小（最小/最佳）：512 字节 / 512 字节

磁盘标签类型：dos

磁盘标识符：0x0bcee221

设备 启动	起点	末尾	扇区	Id	类型
/dev/sdb1	2048	10487807	5242880	83	Linux
/dev/sdb2	10487808	16779263	3145728	83	Linux
/dev/sdb3	16779264	41943039	12581888	5	Extended
/dev/sdb5	16781312	33558527	8388608	83	Linux
/dev/sdb6	33560576	41943039	4191232	83	Linux

命令（输入 m 获取帮助）：

⑥ 完成对硬盘的分区以后，输入 w（保存并退出）或 q（退出但不保存）。硬盘分区完成以后，一般需要重启系统以使设置生效，如果不想重启系统，则可以使用 partprobe 命令使系统获取新的分区表的情况。这里执行 partprobe 命令，重新探测/dev/sdb 硬盘中分区表的变化情况。执行相关操作命令如下：

命令（输入 m 获取帮助）：w

The partition table has been altered!

Calling ioctl() to re-read partition table.

正在同步磁盘。

[root@localhost ~]# partprobe /dev/sdb

[root@localhost ~]# fdisk -l

磁盘 /dev/sda：42.9 GB, 42949672960 字节，83886080 个扇区

Units = 扇区 of 1 * 512 = 512 bytes

扇区大小（逻辑/物理）：512 字节 / 512 字节

I/O 大小（最小/最佳）：512 字节 / 512 字节

磁盘标签类型：dos

磁盘标识符：0x00011a58

设备 启动	起点	末尾	扇区	Id	类型
/dev/sda1 *	2048	2099199	1048576	83	Linux
/dev/sda2	2099200	83886079	40893440	8e	Linux LVM

磁盘 /dev/sdb: 21.5 GB, 21474836480 字节, 41943040 个扇区

Units = 扇区 of 1 * 512 = 512 bytes

扇区大小（逻辑/物理）：512 字节 / 512 字节

I/O 大小（最小/最佳）：512 字节 / 512 字节

磁盘标签类型：dos

磁盘标识符：0x0bcee221

设备 启动	起点	末尾	扇区	Id	类型
/dev/sdb1	2048	10487807	5242880	83	Linux
/dev/sdb2	10487808	16779263	3145728	83	Linux
/dev/sdb3	16779264	41943039	12581888	5	Extended
/dev/sdb5	16781312	33558527	8388608	83	Linux
/dev/sdb6	33560576	41943039	4191232	83	Linux

磁盘 /dev/mapper/centos-root：37.7 GB, 37706792960 字节，73646080 个扇区

Units = 扇区 of 1 * 512 = 512 bytes

扇区大小（逻辑/物理）：512 字节 / 512 字节

I/O 大小（最小/最佳）：512 字节 / 512 字节

磁盘 /dev/mapper/centos-swap：4160 MB, 4160749568 字节，8126464 个扇区

Units = 扇区 of 1 * 512 = 512 bytes

扇区大小（逻辑/物理）：512 字节 / 512 字节

I/O 大小（最小/最佳）：512 字节 / 512 字节

至此，完成了对新增加硬盘的分区操作。

（3）磁盘格式化。

将新增加的 SCSI 硬盘分区/dev/sdb1 按 Ext4 文件系统类型进行格式化。执行相关操作命令如下：

[root@localhost ~]# mkfs   //输入完成后连续按两次 Tab 键

mkfs   mkfs.cramfs   mkfs.ext3   mkfs.fat   mkfs.msdos   mkfs.xfs
mkfs.btrfs   mkfs.ext2   mkfs.ext4   mkfs.minix   mkfs.vfat

[root@localhost ~]# mkfs -t ext4 /dev/sdb1   //按 Ext4 文件系统类型进行格式化

mke2fs 1.42.9 (28-Dec-2013)

文件系统标签=

OS type: Linux

块大小=4096 (log=2)

分块大小=4096 (log=2)

Stride=0 blocks, Stripe width=0 blocks

327680 inodes, 1310720 blocks

65536 blocks (5.00%) reserved for the super user

第一个数据块=0

Maximum filesystem blocks=1342177280

40 block groups

32768 blocks per group, 32768 fragments per group

8192 inodes per group

Superblock backups stored on blocks:

   32768, 98304, 163840, 229376, 294912, 819200, 884736

Allocating group tables: 完成

正在写入 inode 表: 完成

Creating journal (32768 blocks): 完成

Writing superblocks and filesystem accounting information: 完成

  使用同样的方法对/dev/sdb2、/dev/sdb5 和/dev/sdb6 进行格式化。

（4）磁盘挂载。

  将新增加的 SCSI 硬盘分区/dev/sdb1、/dev/sdb2、/dev/sdb5 和/dev/sdb6 分别挂载到/open-sdb1、/open-sdb2、/open-sdb5 和/open-sdb6 目录下。执行相关操作命令如下：

[root@localhost ~]# mkdir /open-sdb1 /open-sdb2 /open-sdb5 /open-sdb6   //新建目录
[root@localhost ~]# mount /dev/sdb1 /open-sdb1   //挂载目录
[root@localhost ~]# mount /dev/sdb2 /open-sdb2
[root@localhost ~]# mount /dev/sdb5 /open-sdb5
[root@localhost mnt]# mount /dev/sdb6 /open-sdb6

  使用 df 命令查看磁盘的使用情况。执行相关操作命令如下：

[root@localhost mnt]# df -hT

文件系统	类型	容量	已用	可用	已用%	挂载点
/dev/mapper/centos-root	xfs	36GB	5.2GB	30GB	15%	/
devtmpfs	devtmpfs	1.9GB	0	1.9GB	0%	/dev
tmpfs	tmpfs	1.9GB	0	1.9GB	0%	/dev/shm
tmpfs	tmpfs	1.9GB	13MB	1.9GB	1%	/run
tmpfs	tmpfs	1.9GB	0	1.9GB	0%	/sys/fs/cgroup
/dev/sda1	xfs	1014MB	179MB	836MB	18%	/boot
tmpfs	tmpfs	378MB	0	378MB	0%	/run/user/0
tmpfs	tmpfs	378MB	12KB	378MB	1%	/run/user/42
/dev/sdb1	ext4	4.8GB	20MB	4.6GB	1%	/open-sdb1
/dev/sdb2	ext4	2.9GB	9.0MB	2.8GB	1%	/open-sdb2
/dev/sdb5	ext4	7.8GB	36MB	7.3GB	1%	/open-sdb5
/dev/sdb6	ext4	3.9GB	16MB	3.7GB	1%	/open-sdb6

任务 5.2 使用 parted 命令进行硬盘分区

1. 任务要求

（1）学会使用 parted 命令进行硬盘分区。

（2）学会配置永久挂载。

使用 parted 命令
进行磁盘分区

2. 任务实施

（1）在虚拟机中添加硬盘。

在虚拟机中添加一个容量为 20GB 的硬盘（添加步骤请参照任务 5.1）。

执行 fdisk -l 命令，查看硬盘分区信息。

[root@localhost ~]# fdisk -l

Disk /dev/sdb: 20 GiB，21474836480 字节，41943040 个扇区

磁盘型号：VMware Virtual S

单元：扇区 / 1 * 512 = 512 字节

扇区大小（逻辑/物理）：512 字节 / 512 字节

I/O 大小（最小/最佳）：512 字节 / 512 字节

Disk /dev/sda: 20 GiB，21474836480 字节，41943040 个扇区

磁盘型号：VMware Virtual S

单元：扇区 / 1 * 512 = 512 字节

扇区大小（逻辑/物理）：512 字节 / 512 字节

I/O 大小（最小/最佳）：512 字节 / 512 字节

磁盘标签类型：dos

磁盘标识符：0x93dde9fe

设备	启动	起点	末尾	扇区	大小	Id	类型
/dev/sda1	*	2048	2099199	2097152	1GB	83	Linux
/dev/sda2		2099200	41943039	39843840	19GB	8e	Linux LVM

Disk /dev/mapper/openeuler-root：17 GiB，18249416704 字节，35643392 个扇区

单元：扇区 / 1 * 512 = 512 字节

扇区大小（逻辑/物理）：512 字节 / 512 字节

I/O 大小（最小/最佳）：512 字节 / 512 字节

Disk /dev/mapper/openeuler-swap：2 GiB，2147483648 字节，4194304 个扇区

单元：扇区 / 1 * 512 = 512 字节

扇区大小（逻辑/物理）：512 字节 / 512 字节

I/O 大小（最小/最佳）：512 字节 / 512 字节

可以看到，新增加了硬盘/dev/sdb，系统识别到新的硬盘后，就可以在该硬盘上建立新的分区了。

（2）磁盘分区。

使用 parted 命令对新增加的 SCSI 硬盘/dev/sdb 进行分区操作，在此硬盘上创建两个分区，名称分别为 data1 和 data2，设置 data1 分区的容量为 5GB，data2 分区的容量为 15GB。

执行"parted /dev/sdb"命令，进入交互式的分区管理界面，在操作界面的"命令（输入 'help' 获取帮助）："提示符后，用户可以通过输入特定的指令来完成各项分区的管理任务。

分区命令格式：mkpart PART-Name [FS-TYPE] START END。

其中各选项的含义如下。

FS-TYPE：文件系统类型，如 Ext4，Ext3，Ext2，XFS，等等。

START：设定磁盘分区起始点，0 表示设定当前分区的起始点为磁盘的第一个扇区；5G 表示设定当前分区的起始点为磁盘的 5GB 处。

END：设定磁盘分区结束点，-1 表示设定当前分区的结束点为磁盘的最后一个扇区；5G 表示设定当前分区的结束点为磁盘的 5GB 处。

执行相关操作命令如下：

```
[root@localhost ~]# parted    /dev/sdb
```

```
GNU Parted 3.5
使用 /dev/sdb
欢迎使用 GNU Parted！输入 'help' 来查看命令列表。
(parted) mklabel gpt                        //磁盘标签类型为GPT

(parted) mkpart data1 ext4 0 5G             //data1 的容量为5GB，文件系统类型为Ext4
警告: 所产生的分区没有适当为获得最佳性能而对齐：34s % 2048s != 0s
忽略/Ignore/放弃/Cancel? I
(parted)
(parted) mkpart data2 ext4 5G -1            //data2 的容量为15GB，文件系统类型为Ext4
(parted) print                              //显示分区信息
型号：VMware, VMware Virtual S (scsi)
磁盘 /dev/sdb: 21.5GB
扇区大小（逻辑/物理）：512B/512B
分区表: gpt
磁盘标志:

编号   起始点    结束点    大小      文件系统   名称     标志
 1     17.4KB    5000MB    5000MB    ext4       data1
 2     5001MB    21.5GB    16.5GB    ext4       data2

(parted) q                                  //退出
```

（3）格式化。

将新增加的 SCSI 硬盘分区/dev/sdc1 按 Ext4 文件系统类型进行格式化，执行相关操作命令如下：

```
[root@localhost ~]# mkfs -t ext4 /dev/sdc1
mke2fs 1.46.4 (18-Aug-2021)
创建含有 1220699 个块（每块 4KB）和 305216 个 inode 的文件系统
文件系统 UUID：94aa252a-0b8b-4b42-afe4-a68ed132a7d6
超级块的备份存储于下列块：
    32768, 98304, 163840, 229376, 294912, 819200, 884736


正在分配组表：完成
正在写入 inode 表：完成
创建日志（16384 个块）完成
```

写入超级块和文件系统账户统计信息： 已完成

```
[root@localhost ~]# mkfs -t xfs /dev/sdc2
```
mke2fs 1.46.4 (18-Aug-2021)

创建含有 4021760 个块（每块 4KB）和 1005648 个 inode 的文件系统

文件系统 UUID：c79fff4f-cbd9-4502-98e0-7ce700475c5a

超级块的备份存储于下列块：

  32768, 98304, 163840, 229376, 294912, 819200, 884736, 1605632, 2654208

正在分配组表：完成

正在写入 inode 表：完成

创建日志（16384 个块）完成

写入超级块和文件系统账户统计信息： 已完成

（4）临时挂载。

执行相关操作命令如下：

```
[root@localhost ~]# mkdir /open-data1 /open-data2
[root@localhost ~]# mount /dev/sdc1 /open-data1
[root@localhost ~]# mount /dev/sdc2 /open-data2

[root@localhost ~]# df -h
```

文件系统	容量	已用	可用	已用%	挂载点
devtmpfs	4.0MB	0	4.0MB	0%	/dev
tmpfs	3.7GB	0	3.7GB	0%	/dev/shm
tmpfs	1.5GB	9.1MB	1.5GB	1%	/run
tmpfs	4.0MB	0	4.0MB	0%	/sys/fs/cgroup
/dev/mapper/openeuler-root	17GB	1.4GB	15GB	9%	/
tmpfs	3.7GB	0	3.7GB	0%	/tmp
/dev/sda1	974MB	151MB	756MB	17%	/boot
/dev/sdc1	4.6GB	24KB	4.3GB	1%	/open-data1
/dev/sdc2	15GB	24KB	15GB	1%	/open-data2

（5）永久挂载。

编辑/etc/fstab 文件，在文件尾部添加以下命令：

/dev/sdc1 /open-data1	ext4	defaults	0 0
/dev/sdc2 /open-data2	xfs	defaults	0 0

```
[root@localhost ~]# vi /etc/fstab
#
# /etc/fstab
# Created by anaconda on Fri Feb 23 02:48:29 2024
#
# Accessible filesystems, by reference, are maintained under '/dev/disk/'.
# See man pages fstab(5), findfs(8), mount(8) and/or blkid(8) for more info.
#
# After editing this file, run 'systemctl daemon-reload' to update systemd
# units generated from this file.
#
/dev/mapper/openeuler-root /                        ext4    defaults    1 1
UUID=df6937b3-4c1d-479e-b806-f4e220297639 /boot     ext4    defaults    1 2
/dev/mapper/openeuler-swap none                     swap    defaults    0 0
/dev/sdc1 /open-data1                               ext4    defaults    0 0
/dev/sdc2 /open-data2                               xfs     defaults    0 0
```

保存并退出/etc/fstab 文件。一般需要重启系统以使设置生效：

```
[root@localhost ~]# df -hT
```

文件系统	类型	容量	已用	可用	已用%	挂载点
devtmpfs	devtmpfs	4.0MB	0	4.0MB	0%	/dev
tmpfs	tmpfs	3.7GB	0	3.7GB	0%	/dev/shm
tmpfs	tmpfs	1.5GB	9.1MB	1.5GB	1%	/run
tmpfs	tmpfs	4.0MB	0	4.0MB	0%	/sys/fs/cgroup
/dev/mapper/openeuler-root	ext4	17GB	1.4GB	15GB	9%	/
tmpfs	tmpfs	3.7GB	0	3.7GB	0%	/tmp
/dev/sdc1	ext4	4.6GB	24KB	4.3GB	1%	/open-data1
/dev/sdc2	ext4	15GB	24KB	15GB	1%	/open-data2
/dev/sda1	ext4	974MB	151MB	756MB	17%	/boot

任务 5.3　配置及管理逻辑卷

1. 任务要求

（1）学会创建逻辑卷。

（2）学会管理逻辑卷。

2. 任务实施

(1) 在虚拟机中添加硬盘。

在虚拟机中添加一个容量为 20GB 的硬盘（添加步骤请参照任务 5.1）。

执行 fdisk -l 命令，查看硬盘分区信息。执行相关操作命令如下：

```
[root@localhost ~]# fdisk -l
Disk /dev/sdb: 20 GiB, 21474836480 字节, 41943040 个扇区
磁盘型号：VMware Virtual S
单元：扇区 / 1 * 512 = 512 字节
扇区大小（逻辑/物理）：512 字节 / 512 字节
I/O 大小（最小/最佳）：512 字节 / 512 字节


Disk /dev/sda: 20 GiB, 21474836480 字节, 41943040 个扇区
磁盘型号：VMware Virtual S
单元：扇区 / 1 * 512 = 512 字节
扇区大小（逻辑/物理）：512 字节 / 512 字节
I/O 大小（最小/最佳）：512 字节 / 512 字节
磁盘标签类型：dos
磁盘标识符：0x93dde9fe

设备        启动    起点      末尾       扇区       大小    Id   类型
/dev/sda1    *     2048     2099199    2097152    1GB    83   Linux
/dev/sda2          2099200  41943039   39843840   19GB   8e   Linux LVM


Disk /dev/mapper/openeuler-root: 17 GiB, 18249416704 字节, 35643392 个扇区
单元：扇区 / 1 * 512 = 512 字节
扇区大小（逻辑/物理）：512 字节 / 512 字节
I/O 大小（最小/最佳）：512 字节 / 512 字节


Disk /dev/mapper/openeuler-swap: 2 GiB, 2147483648 字节, 4194304 个扇区
单元：扇区 / 1 * 512 = 512 字节
扇区大小（逻辑/物理）：512 字节 / 512 字节
I/O 大小（最小/最佳）：512 字节 / 512 字节
```

可以看到，新增加了硬盘/dev/sdb。系统识别到新的硬盘后，就可以在该硬盘上建立新的分区了。

（2）创建分区。

创建两个容量为 5GB 的分区，并将分区类型设置为 "Linux LVM"。执行相关操作命令如下：

```
[root@localhost ~]# fdisk /dev/sdb


欢迎使用 fdisk (util-linux 2.37.2)。
更改将停留在内存中，直到您决定将更改写入磁盘。
使用写入命令前请三思。


命令（输入 m 获取帮助）：p
Disk /dev/sdb：20 GiB，21474836480 字节，41943040 个扇区
磁盘型号：VMware Virtual S
单元：扇区 / 1 * 512 = 512 字节
扇区大小（逻辑/物理）：512 字节 / 512 字节
I/O 大小（最小/最佳）：512 字节 / 512 字节
磁盘标签类型：dos
磁盘标识符：0x55602f55


命令（输入 m 获取帮助）：n
分区类型
    p   主分区 (0 primary, 0 extended, 4 free)
    e   扩展分区 (逻辑分区容器)
选择（默认 p）：p
分区号（1~4，默认 1）:
第一个扇区（2048~41943039，默认 2048）:
最后一个扇区，+/-sectors 或 +size{K,M,G,T,P} (2048-41943039，默认 41943039): +5G

创建了一个新分区 1，类型为 "Linux"，大小为 5 GB。


命令（输入 m 获取帮助）：n
分区类型
    p   主分区 (1 primary, 0 extended, 3 free)
    e   扩展分区 (逻辑分区容器)
选择（默认 p）：
```

将使用默认回应 p。

分区号（2~4, 默认 2）：

第一个扇区（10487808~41943039，默认 10487808）：

最后一个扇区，+/-sectors 或 +size{K,M,G,T,P}（10487808-41943039，默认 41943039)：+5G

创建了一个新分区 2，类型为"Linux"，大小为 5 GB。

命令（输入 m 获取帮助）：p

Disk /dev/sdb: 20 GiB，21474836480 字节，41943040 个扇区

磁盘型号：VMware Virtual S

单元：扇区 / 1 * 512 = 512 字节

扇区大小（逻辑/物理）：512 字节 / 512 字节

I/O 大小（最小/最佳）：512 字节 / 512 字节

磁盘标签类型：dos

磁盘标识符：0x55602f55

设备	启动	起点	末尾	扇区	大小	Id	类型
/dev/sdb1		2048	10487807	10485760	5GB	83	Linux
/dev/sdb2		10487808	20973567	10485760	5GB	83	Linux

命令（输入 m 获取帮助）：t

分区号（1,2, 默认 2）：

Hex 代码或别名（输入 L 列出所有代码）：8e

已将分区"Linux"的类型更改为"Linux LVM"。

命令（输入 m 获取帮助）：t

分区号（1,2, 默认 2）：1

Hex 代码或别名（输入 L 列出所有代码）：8e

已将分区"Linux"的类型更改为"Linux LVM"。

命令（输入 m 获取帮助）：p

Disk /dev/sdb: 20 GiB，21474836480 字节，41943040 个扇区

磁盘型号：VMware Virtual S

单元：扇区 / 1 * 512 = 512 字节

扇区大小（逻辑/物理）：512 字节 / 512 字节

I/O 大小（最小/最佳）：512 字节 / 512 字节

磁盘标签类型：dos

磁盘标识符：0x55602f55

设备	启动	起点	末尾	扇区	大小	Id	类型
/dev/sdb1		2048	10487807	10485760	5GB	8e	Linux LVM
/dev/sdb2		10487808	20973567	10485760	5GB	8e	Linux LVM

命令（输入 m 获取帮助）：w
分区表已调整。
将调用 ioctl() 来重新读分区表。
正在同步磁盘。

分区创建成功后，保存分区表，重启系统或执行"partprobe /dev/sdb"命令即可。若选择后者，则执行相关操作命令如下：

[root@localhost ~]# partprobe /dev/sdb

（3）创建物理卷。

将新创建的两个分区/dev/sdb1、/dev/sdb2 创建成物理卷（使用的命令为"pvcreate /dev/adb{1,2}"）。使用 pvs 命令和 pvdisplay 命令可以查看物理卷的信息，也可以指定特定的物理磁盘，以及查看特定物理卷的信息。执行相关操作命令如下：

```
[root@localhost ~]# pvcreate /dev/sdb1 /dev/sdb2
  Physical volume "/dev/sdb1" successfully created.
  Physical volume "/dev/sdb2" successfully created.
[root@localhost ~]# pvs
  PV         VG        Fmt  Attr PSize  PFree
  /dev/sda2  openeuler lvm2 a--  <19.00g    0
  /dev/sdb1            lvm2 ---   5.00g 5.00g
  /dev/sdb2            lvm2 ---   5.00g 5.00g
[root@localhost ~]# pvdisplay
  --- Physical volume ---
  PV Name               /dev/sda2
  VG Name               openeuler
  PV Size               <19.00 GiB / not usable 3.00 MiB
  Allocatable           yes (but full)
```

PE Size	4.00 MiB
Total PE	4863
Free PE	0
Allocated PE	4863
PV UUID	AmDgvf-O0k1-FFXE-iM0o-zWJq-I8Hl-nbao1e

"/dev/sdb1" is a new physical volume of "5.00 GiB"

--- NEW Physical volume ---

PV Name	/dev/sdb1
VG Name	
PV Size	5.00 GiB
Allocatable	NO
PE Size	0
Total PE	0
Free PE	0
Allocated PE	0
PV UUID	Dt2UwK-SLdj-Lh6o-f90K-BwBh-kboS-iHnStM

"/dev/sdb2" is a new physical volume of "5.00 GiB"

--- NEW Physical volume ---

PV Name	/dev/sdb2
VG Name	
PV Size	5.00 GiB
Allocatable	NO
PE Size	0
Total PE	0
Free PE	0
Allocated PE	0
PV UUID	mmVaEV-LLv4-FDYJ-zYVT-GKmr-wAjn-s2JkWx

（4）创建卷组。

物理卷创建好之后，才可以创建卷组。使用 vgcreate 命令创建卷组，并将刚才创建的两个物理卷加入该卷组。可通过 vgs 命令或 vgdisplay 命令查看创建的卷组。其中，PE 的默认大小为 4MB，是卷组的最小存储单位，可以通过 -s 选项指定 PE 的大小。

执行相关操作命令如下：

[root@localhost ~]# vgcreate my-vg /dev/sdb1 /dev/sdb2

```
  Volume group "my-vg" successfully created
[root@localhost ~]# vgs
  VG         #PV #LV #SN Attr    VSize    VFree
  openeuler   1   2   0 wz--n-  <19.00g    0
  my-vg       2   0   0 wz--n-   9.99g   9.99g
[root@localhost ~]# vgdisplay
  --- Volume group ---
  VG Name               my-vg
  System ID
  Format                lvm2
  Metadata Areas        2
  Metadata Sequence No  1
  VG Access             read/write
  VG Status             resizable
  MAX LV                0
  Cur LV                0
  Open LV               0
  Max PV                0
  Cur PV                2
  Act PV                2
  VG Size               9.99 GiB
  PE Size               4.00 MiB
  Total PE              2558
  Alloc PE / Size       0 / 0
  Free  PE / Size       2558 / 9.99 GiB
  VG UUID               tD4oGh-ee33-QeA7-2qAi-8myR-Nrjk-6CL2tu

  --- Volume group ---
  VG Name               openeuler
  System ID
  Format                lvm2
  Metadata Areas        1
  Metadata Sequence No  3
  VG Access             read/write
  VG Status             resizable
```

MAX LV	0
Cur LV	2
Open LV	2
Max PV	0
Cur PV	1
Act PV	1
VG Size	<19.00 GiB
PE Size	4.00 MiB
Total PE	4863
Alloc PE / Size	4863 / <19.00 GiB
Free PE / Size	0 / 0
VG UUID	BBLlbV-HCZr-NHVx-jMr0-aKu7-3Acu-aCgA07

（5）创建逻辑卷。

卷组创建好之后，才可以创建逻辑卷。可使用 lvcreate 命令创建逻辑卷，并使用 lvs 命令或 lvdisplay 命令查看创建好的逻辑卷。需要说明的是，在创建逻辑卷时，需要通过-L 选项指定其大小，通过-n 选项指定其名字，通过-l 选项指定 PE 的个数。

将新建的逻辑卷的名称指定为 my-lv，容量指定为 6GB。执行相关操作命令如下：

```
[root@localhost ~]# lvcreate -L 6G -n my-lv my-vg
  Logical volume "my-lv" created.
[root@localhost ~]# lvs
  LV      VG       Attr       LSize   Pool Origin Data%  Meta%  Move Log Cpy%Sync Convert
  root    openeuler -wi-ao---- <17.00g
  swap    openeuler -wi-ao----   2.00g
  my-lv   my-vg    -wi-a-----   6.00g
[root@localhost ~]# lvdisplay
  --- Logical volume ---
  LV Path                /dev/my-vg/my-lv
  LV Name                my-lv
  VG Name                my-vg01
  LV UUID                8yMCKq-vQAW-NeND-9f3a-UIiB-e2g5-FM2X34
  LV Write Access        read/write
  LV Creation host, time localhost, 2024-02-29 20:24:25 +0800
  LV Status              available
```

# open	0
LV Size	6.00 GiB
Current LE	1536
Segments	2
Allocation	inherit
Read ahead sectors	auto
- currently set to	8192
Block device	253:2

--- Logical volume ---

LV Path	/dev/openeuler/swap
LV Name	swap
VG Name	openeuler
LV UUID	aHUj6t-jdRf-EFK4-jXv2-xXIc-Pbe3-JfeDcz
LV Write Access	read/write
LV Creation host, time openeuler, 2024-02-23 10:48:25 +0800	
LV Status	available
# open	2
LV Size	2.00 GiB
Current LE	512
Segments	1
Allocation	inherit
Read ahead sectors	auto
- currently set to	8192
Block device	253:1

--- Logical volume ---

LV Path	/dev/openeuler/root
LV Name	root
VG Name	openeuler
LV UUID	SOXkBK-iQbf-hdbi-KZNd-cL1Y-83Xn-NFNfgs
LV Write Access	read/write
LV Creation host, time openeuler, 2024-02-23 10:48:25 +0800	
LV Status	available

# open	1
LV Size	<17.00 GiB
Current LE	4351
Segments	1
Allocation	inherit
Read ahead sectors	auto
- currently set to	8192
Block device	253:0

（6）创建文件系统。

逻辑卷 my-lv 创建好之后，就可以在上面创建文件系统了，本任务以创建 Ext4 类型的文件系统为例。需要注意的是，引用逻辑卷时需要用到逻辑卷的设备文件，该文件有以下两种书写方式。

① /dev/VG_NAME/LV_NAME。

② /dev/mapper/VG_NAME-LV_NAME。

因此，这里可将逻辑卷的设备文件书写为/dev/my-vg/my-lv 或/dev/mapper/my-vg-my-lv。

执行相关操作命令如下：

[root@localhost ~]# mkfs -t ext4 /dev/my-vg/my-lv

mke2fs 1.46.4 (18-Aug-2021)

创建含有 1572864 个块（每块 4KB）和 393216 个 inode 的文件系统

文件系统 UUID：a96c2da8-8a85-4e0f-bbfc-af4a9049a280

超级块的备份存储于下列块：

    32768, 98304, 163840, 229376, 294912, 819200, 884736

正在分配组表：完成

正在写入 inode 表：完成

创建日志（16384 个块）：完成

写入超级块和文件系统账户统计信息：已完成

（7）挂载。

将创建好的文件系统/dev/my-vg/my-lv 挂载到/data 目录下，若要实现服务器每次重启均可自动挂载的功能，则需要将创建好的文件系统挂载到配置文件/etc/fstab 中。

执行相关操作命令如下：

[root@localhost ~]# mkdir /data

[root@localhost ~]# mount /dev/my-vg/my-lv /data

[root@localhost ~]# df -hT

文件系统	类型	容量	已用	可用	已用%	挂载点
devtmpfs	devtmpfs	4.0MB	0	4.0MB	0%	/dev
tmpfs	tmpfs	3.7GB	0	3.7GB	0%	/dev/shm
tmpfs	tmpfs	1.5GB	9.1MB	1.5GB	1%	/run
tmpfs	tmpfs	4.0MB	0	4.0MB	0%	/sys/fs/cgroup
/dev/mapper/openeuler-root	ext4	17GB	1.4GB	15GB	9%	/
tmpfs	tmpfs	3.7GB	0	3.7GB	0%	/tmp
/dev/sda1	ext4	974MB	151MB	756MB	17%	/boot
/dev/mapper/my-vg-my-lv	ext4	5.9GB	24KB	5.6GB	1%	/data

（8）永久挂载。

执行相关操作命令如下：

```
[root@localhost ~]# echo '/dev/mapper/my-vg-my-lv /data ext4 defaults 0 0'>>/etc/fstab
[root@localhost ~]# cat /etc/fstab

#
# /etc/fstab
# Created by anaconda on Fri Feb 23 02:48:29 2024
#
# Accessible filesystems, by reference, are maintained under '/dev/disk/'.
# See man pages fstab(5), findfs(8), mount(8) and/or blkid(8) for more info.
#
# After editing this file, run 'systemctl daemon-reload' to update systemd
# units generated from this file.
#
/dev/mapper/openeuler-root /                       ext4    defaults        1 1
UUID=df6937b3-4c1d-479e-b806-f4e220297639 /boot    ext4    defaults        1 2
/dev/mapper/openeuler-swap none                    swap    defaults        0 0
/dev/mapper/my-vg-my-lv /data                      ext4    defaults        0 0
```

为了查看/etc/fstab 是否正确，可以先卸载逻辑卷 my-lv，然后使用 mount -a 命令从内核中重新读取/etc/fstab 文件，从而查看文件系统是否能够被自动挂载。

执行相关操作命令如下：

```
[root@localhost ~]# umount /dev/my-vg/my-lv
[root@localhost ~]# df -hT
```

文件系统	类型	容量	已用	可用	已用%	挂载点
devtmpfs	devtmpfs	4.0MB	0	4.0MB	0%	/dev
tmpfs	tmpfs	3.7GB	0	3.7GB	0%	/dev/shm

文件系统	类型	容量	已用	可用	已用%	挂载点
tmpfs	tmpfs	1.5GB	9.1MB	1.5GB	1%	/run
tmpfs	tmpfs	4.0MB	0	4.0MB	0%	/sys/fs/cgroup
/dev/mapper/openeuler-root	ext4	17GB	1.4GB	15GB	9%	/
tmpfs	tmpfs	3.7GB	0	3.7GB	0%	/tmp
/dev/sda1	ext4	974MB	151MB	756MB	17%	/boot

```
[root@localhost ~]# mount -a
[root@localhost ~]# df -hT
```

文件系统	类型	容量	已用	可用	已用%	挂载点
devtmpfs	devtmpfs	4.0MB	0	4.0MB	0%	/dev
tmpfs	tmpfs	3.7GB	0	3.7GB	0%	/dev/shm
tmpfs	tmpfs	1.5GB	9.1MB	1.5GB	1%	/run
tmpfs	tmpfs	4.0MB	0	4.0MB	0%	/sys/fs/cgroup
/dev/mapper/openeuler-root	ext4	17GB	1.4GB	15GB	9%	/
tmpfs	tmpfs	3.7GB	0	3.7GB	0%	/tmp
/dev/sda1	ext4	974MB	151MB	756MB	17%	/boot
/dev/mapper/my-vg-my-lv	ext4	5.9GB	24KB	5.6GB	1%	/data

（9）扩大卷组。

重新在第二个硬盘上创建一个分区 sdb3（容量为 5GB），创建过程参照步骤（2），并将创建好的分区加入已经存在的卷组 my-vg 中。

执行相关操作命令如下：

```
[root@localhost ~]# pvcreate /dev/sdb3
    Physical volume "/dev/sdb3" successfully created.
[root@localhost ~]# pvs
    PV          VG         Fmt   Attr PSize    PFree
    /dev/sda2   openeuler  lvm2 a--  <19.00g      0
    /dev/sdb1   my-vg      lvm2 a--   <5.00g      0
    /dev/sdb2   my-vg      lvm2 a--   <5.00g   3.99g
    /dev/sdb3              lvm2 ---    5.00g   5.00g
[root@localhost ~]# vgextend my-vg /dev/sdb3
    Volume group "my-vg" successfully extended
[root@localhost ~]# vgs
    VG         #PV #LV #SN Attr   VSize    VFree
    openeuler    1   2   0 wz--n- <19.00g      0
    my-vg        3   1   0 wz--n- <14.99g  <8.99g
```

（10）扩展逻辑卷。

在扩展逻辑卷时，需要确定将逻辑卷扩展至多大，以及当前逻辑卷所在的卷组中是否有足够的空闲空间可用。扩展时要先扩展物理边界，再扩展逻辑边界。这里将逻辑卷 my-lv 扩大至 8GB。

执行相关操作命令如下：

```
[root@localhost ~]# lvextend -L 8G /dev/my-vg/my-lv
  Size of logical volume my-vg/my-lv changed from 6.00 GiB (1536 extents) to 8.00 GiB (2048 extents).
  Logical volume my-vg/my-lv successfully resized.
[root@localhost ~]# lvs
  LV      VG        Attr       LSize    Pool Origin Data%  Meta%  Move Log Cpy%Sync Convert
  root    openeuler -wi-ao---- <17.00g
  swap    openeuler -wi-ao----   2.00g
  my-lv   my-vg     -wi-ao----   8.00g
[root@localhost ~]# resize2fs /dev/my-vg/my-lv
resize2fs 1.46.4 (18-Aug-2021)
/dev/my-vg/my-lv 上的文件系统已被挂载于 /data；需要进行在线调整大小

old_desc_blocks = 1, new_desc_blocks = 1
/dev/my-vg/my-lv 上的文件系统现在为 2097152 个块 (每个块的大小为 4KB)。
```

(11) 缩减逻辑卷。

在缩减逻辑卷时，需要确定将逻辑卷缩减为多大（至少应能容纳原有的所有数据）。因为缩减逻辑卷有风险，所以要卸载并强行检测文件系统。缩减逻辑卷的步骤如下。

① 卸载逻辑卷/dev/my-vg/my-lv。

② 使用 e2fsck 命令检测逻辑卷上剩余的空间。

③ 使用 resize2fs 命令将文件系统缩减到 3GB。

④ 使用 lvreduce 命令将逻辑卷缩减到 3GB。

执行相关操作命令如下：

```
[root@localhost ~]# umount /dev/my-vg/my-lv
[root@localhost ~]# e2fsck -f /dev/my-vg/my-lv
e2fsck 1.46.4 (18-Aug-2021)
第 1 步: 检查 inode、块和大小
第 2 步: 检查目录结构
第 3 步: 检查目录连接性
第 4 步: 检查引用计数
第 5 步: 检查组概要信息
/dev/my-vg/my-lv: 11/524288 文件 (0.0% 为非连续的), 56207/2097152 块
[root@localhost ~]# resize2fs /dev/my-vg/my-lv 4G
```

```
resize2fs 1.46.4 (18-Aug-2021)
```
将 /dev/my-vg/my-lv 上的文件系统调整为 1048576 个块（每块 4KB）。
/dev/my-vg/my-lv 上的文件系统现在为 1048576 个块（每块 4KB）。

```
[root@localhost ~]# lvreduce -L 4G /dev/my-vg/my-lv
    WARNING: Reducing active logical volume to 4.00 GiB.
    THIS MAY DESTROY YOUR DATA (filesystem etc.)
Do you really want to reduce my-vg/my-lv? [y/n]: y
    Size of logical volume my-vg/my-lv changed from 8.00 GiB (2048 extents) to 4.00 GiB (1024 extents).
    Logical volume my-vg/my-lv successfully resized.
[root@localhost ~]# df -lh
```

文件系统	容量	已用	可用	已用%	挂载点
devtmpfs	4.0MB	0	4.0MB	0%	/dev
tmpfs	3.7GB	0	3.7GB	0%	/dev/shm
tmpfs	1.5GB	9.1MB	1.5GB	1%	/run
tmpfs	4.0MB	0	4.0MB	0%	/sys/fs/cgroup
/dev/mapper/openeuler-root	17GB	1.4GB	15GB	9%	/
tmpfs	3.7GB	0	3.7GB	0%	/tmp
/dev/sda1	974MB	151MB	756MB	17%	/boot

```
[root@localhost ~]# mount -a
[root@localhost ~]# df -lh
```

文件系统	容量	已用	可用	已用%	挂载点
devtmpfs	4.0MB	0	4.0MB	0%	/dev
tmpfs	3.7GB	0	3.7GB	0%	/dev/shm
tmpfs	1.5GB	9.1MB	1.5GB	1%	/run
tmpfs	4.0MB	0	4.0MB	0%	/sys/fs/cgroup
/dev/mapper/openeuler-root	17GB	1.4GB	15GB	9%	/
tmpfs	3.7GB	0	3.7GB	0%	/tmp
/dev/sda1	974MB	151MB	756MB	17%	/boot
/dev/mapper/my-vg-my-lv	3.9GB	24KB	3.7GB	1%	/data

注意：文件系统的大小和逻辑卷的大小一定要保持一致。如果逻辑卷的大小大于文件系统的大小，那么会由于部分区域未被格式化成文件系统而造成空间浪费；如果逻辑卷的大小小于文件系统的大小，那么数据会出问题。

（12）从卷组中移除物理卷。

首先确定要移除的物理卷，将此物理卷上的数据转移至其他物理卷，然后从卷组中将此物理卷移除。

执行相关操作命令如下：

```
[root@localhost ~]# pvmove /dev/sdb3 /dev/sdc1
  No data to move for my-vg.
[root@localhost ~]# vgreduce my-vg /dev/sdb3
  Removed "/dev/sdb3" from volume group "my-vg"
[root@localhost ~]# vgs
  VG        #PV #LV #SN Attr   VSize    VFree
  openeuler   1   2   0 wz--n- <19.00g      0
  my-vg       2   1   0 wz--n-   9.99g  5.99g
```

（13）删除逻辑卷、卷组和物理卷。

执行相关操作命令如下：

```
[root@localhost ~]# umount /dev/my-vg/my-lv
[root@localhost ~]# lvremove /dev/my-vg/my-lv
Do you really want to remove active logical volume my-vg/my-lv? [y/n]: y
  Logical volume "my-lv" successfully removed.
[root@localhost ~]# vgremove my-vg
  unlink pvid file, path is /run/lvm/pvs_online/Dt2UwKSLdjLh6of90KBwBhkboSiHnStM
  unlink pvid file, path is /run/lvm/pvs_online/mmVaEVLLv4FDYJzYVTGKmrwAjns2JkWx
  Volume group "my-vg" successfully removed
[root@localhost ~]# lvs
  LV   VG        Attr       LSize   Pool Origin Data%  Meta%  Move Log Cpy%Sync Convert
  root openeuler -wi-ao---- <17.00g
  swap openeuler -wi-ao----   2.00g
[root@localhost ~]# vgs
  VG        #PV #LV #SN Attr   VSize    VFree
  openeuler   1   2   0 wz--n- <19.00g      0
[root@localhost ~]# pvs
  PV         VG        Fmt  Attr PSize   PFree
  /dev/sda2  openeuler lvm2 a--  <19.00g     0
  /dev/sdb1            lvm2 ---    5.00g 5.00g
  /dev/sdb2            lvm2 ---    5.00g 5.00g
  /dev/sdb3            lvm2 ---    5.00g 5.00g
[root@localhost ~]# pvremove /dev/sdb1
  Labels on physical volume "/dev/sdb1" successfully wiped.
[root@localhost ~]# pvremove /dev/sdb2
  Labels on physical volume "/dev/sdb2" successfully wiped.
[root@localhost ~]# pvremove /dev/sdb3
```

```
Labels on physical volume "/dev/sdb3" successfully wiped.
[root@localhost ~]# pvs
  PV           VG         Fmt  Attr PSize    PFree
  /dev/sda2    openeuler  lvm2 a--  <19.00g  0
```

删除物理卷之后可以将这些分区转化成普通的分区,即系统 ID 为 83。

评价反馈

学生自评表

班级		姓名		学号	
项目五	管理磁盘与文件系统				
评价项目	评价标准			分值	得分
使用 fdisk 命令进行硬盘分区	能使用 fdisk 命令进行硬盘分区、格式化,以及挂载			30	
使用 parted 命令进行硬盘分区	能使用 parted 命令进行硬盘分区、格式化,以及挂载			30	
配置及管理逻辑卷	能够完成逻辑卷创建、格式化,以及挂载			40	
	合计			100	

教师评价表

班级		姓名		学号	
项目五	管理磁盘与文件系统				
评价项目	评价标准			分值	得分
职业素养	无迟到早退,遵守纪律			10	
	能在团队协作过程中发挥引领作用			10	
	对任务中出现的问题具有探究精神,能解决问题并举一反三			10	
工作过程	能按计划实施工作任务			10	
工作质量	能按照要求,保质保量地完成工作任务			50	
工作态度	能认真预习、完成和复习工作任务			10	
	合计			100	

课后提升

RAID 配置

在 Linux 操作系统中,RAID(Redundant Array of Independent Disks,独立磁盘冗余阵列)是一种用于提高数据可靠性和性能的技术。通过将多个硬盘组合成一个逻辑单元,RAID 可以在一个或多个硬盘发生故障时保护数据。在 Linux 操作系统中,可以使用软件实现 RAID。请根据已学的知识,创建 RAID5 阵列,并进行数据恢复测试。

1. 创建 RAID5 阵列

（1）添加硬盘。

按照任务 5.1 中介绍的添加新硬盘的方法，添加 4 块容量均为 2GB 的硬盘。并将其中 3 块创建为 RAID5 硬盘阵列，剩下的 1 块创建为热备硬盘。

（2）硬盘初始化。

按照任务 5.1 中介绍的使用 fdisk 命令创建分区的方法，将新增的 4 块硬盘创建成主分区，并将分区类型改为 fd（Linux raid 自动）。

（3）创建 RAID5 及其热备份。

mdadm 是 multiple devices admin 的缩写，它是 Linux 操作系统下的一款标准的 RAID 管理工具软件。mdadm 利用多个底层的块设备虚拟出一个新的设备；利用条带化（stripping）技术将数据块均匀分布到多个磁盘上，以此提高虚拟设备的读写性能；利用不同的数据冗余算法，使用户数据不会因为某个块设备的故障而完全丢失，而且能在设备被替换后将丢失的数据恢复到新的设备上。

使用 mdadm 命令将 4 块硬盘中的 3 块创建为 RAID5 硬盘阵列/dev/md0，并将剩下的 1 块硬盘创建为热备硬盘。

（4）格式化硬盘阵列。

使用 mkfs.xfs /dev/md0 命令对硬盘阵列/dev/md0 进行格式化。

（5）对硬盘阵列进行挂载。

将硬盘阵列挂载后就可以使用了，也可以把挂载项写入/etc/fstab 文件中，以实现其自动挂载。

2. RAID5 数据恢复测试

（1）写入测试文件。

在 RAID5 阵列上写入一个 10MB 的文件 10M_file，以供数据恢复时测试所用。

（2）RAID 设备的数据恢复。

如果 RAID 设备中的某个磁盘损坏，那么系统会自动停止这块磁盘的工作，并让热备磁盘代替损坏的磁盘继续工作。例如，假设磁盘/dev/sdc1 损坏，更换损坏的 RAID 设备中成员的方法为，首先使用 mdadm /dev/md0 -fail /dev/sdc1 命令或 mdadm /dev/md0 -f /dev/sdc1 命令将损坏的 RAID 成员标记为失效，然后使用 mdadm -D /dev/md0 命令查看 RAID 阵列信息，此时会发现热备磁盘/dev/sde1 已经自动替换了损坏的磁盘/dev/sdc1，且文件没有损失。

项目六　管理网络配置与 SSH 服务

项目需求

张三在学习过程中，如果遇到难以理解的问题，一般通过上网搜索就能找到对应的答案。既然在 Windows 操作系统中可以上网，那么在 Linux 操作系统中应该也能上网，如何为 Linux 虚拟机连接网络，并实现在该操作系统中上网的功能呢？

项目目标

1．思政目标

（1）通过 IP 地址设置等操作教学，引导学生思考 IPv4 地址枯竭背景下 IPv6 国产化规模部署的意义，理解我国"新基建"背景下资源自主、可控的需求。

（2）通过介绍 SSH 密钥认证等技术，引导学生理解"网络安全是国家安全的重要组成"的含义，强化网络空间命运共同体意识，履行捍卫国家网络主权的义务。

（3）通过 DNS 解析记录设置等操作教学，引导学生理解《网络信息内容生态治理规定》对有害信息的管控要求，培育依法上网、文明用网的行为规范。

2．知识目标

（1）掌握网络配置的基础知识。

（2）深入理解 SSH 服务的原理与配置。

（3）掌握网络安全策略与最佳实践方式。

3．能力目标

（1）具备独立为 Linux 操作系统进行网络配置的能力，包括配置静态和动态 IP 地址、设置子网掩码和默认网关、配置 DNS 等。

（2）能够使用 SSH 命令实现服务器的远程连接。

思维导图

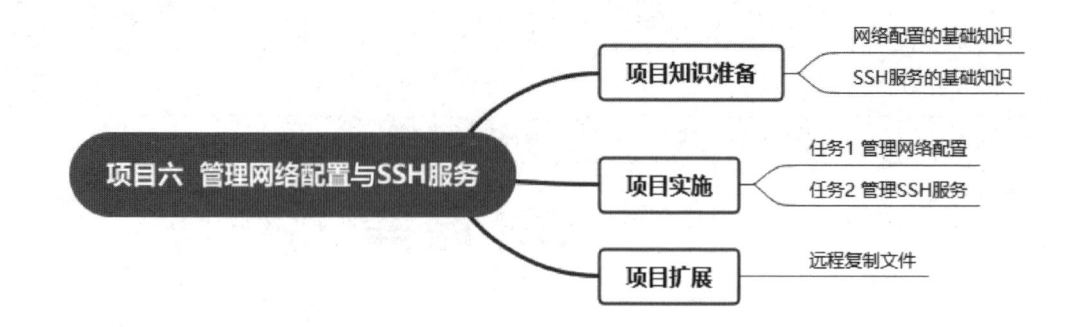

```
                            ┌── 项目知识准备 ──┬── 网络配置的基础知识
                            │                  └── SSH服务的基础知识
                            │
项目六  管理网络配置与SSH服务 ──┼── 项目实施 ──┬── 任务1 管理网络配置
                            │               └── 任务2 管理SSH服务
                            │
                            └── 项目扩展 ──── 远程复制文件
```

课前自学——项目知识准备

思政案例

网络"净土"需要你我共同守护

张某，男，汉族，出生于2004年5月，无宗教信仰，是某高校2022级计算机专业的在校学生。因在某视频网站观看游戏视频时见到评论区中的VPN广告，遂进行体验，并开始在视频平台观看游戏视频，此后遭到非法内容精准推送。出于好奇，认为好玩，张某将恶搞歌曲链接分享至其创建的微信群中，并与高中时期的朋友进行讨论。

以上是一起在校大学生绕过国家公共网络监控系统，即中国国家防火墙，"翻墙"获取、浏览并转载境外信息的网络安全事件。一些网站通过发布有害信息来蛊惑"翻墙"学生，并通过在社交平台中发布所谓的"真相""爆料"等来煽动人心，致使浏览这些网站的学生受到了反动思想的蛊惑。张某因缺乏相应的法律知识产生了以上违法行为，反映出其在意识形态领域缺乏总体国家安全观的问题。

当前，网络舆论治理的主要任务是引导青年厘清网络暴力和网络正义的边界问题，以及引导青年分辨真相和谣言。要通过法治教育及形势与政策教育，引导青年学生学习、理解并遵守互联网法律，坚守网络空间的底线。

6.1 网络配置的基础知识

管理网络配置

要想让 Linux 虚拟机连接网络，就需要了解 VMware 虚拟机软件支持的网络工作模式，并对虚拟机的网络环境进行合理的设置。配置好 VMware 虚拟网络后，还需要配置 Linux 虚拟机的网络参数，包括主机名、IP 地址、子网掩码、默认网关、DNS 服务器等。

6.1.1 认识 VMware 的网络工作模式

VMware 提供了 3 种常用的网络工作模式，分别是桥接（Bridged）模式、NAT（网络地址转换）模式和仅主机（Host-Only）模式。

在 VMware 软件主界面中，选择"虚拟机"菜单下的"设置"选项，打开"虚拟机设置"对话框。在该对话框中，选择"硬件"选项卡中的"网络适配器"选项，右侧会显示支持的网络工作模式，如图 6-1 所示。

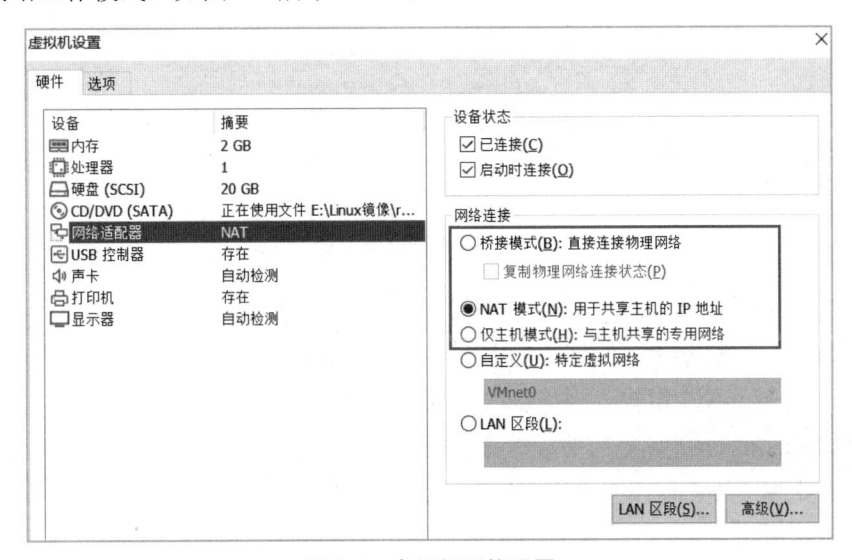

图 6-1 虚拟机网络设置

3 种网络工作模式会使用到不同的虚拟网卡和虚拟交换机等网络设备，安装 VMware 虚拟机软件时，会自动安装这些网络设备。

1. 虚拟网卡

以 Windows 10 操作系统为例，选择"控制面板"→"网络和 Internet"→"网络连接"选项，能找到两个新增的 VMware 虚拟网卡，如图 6-2 所示。

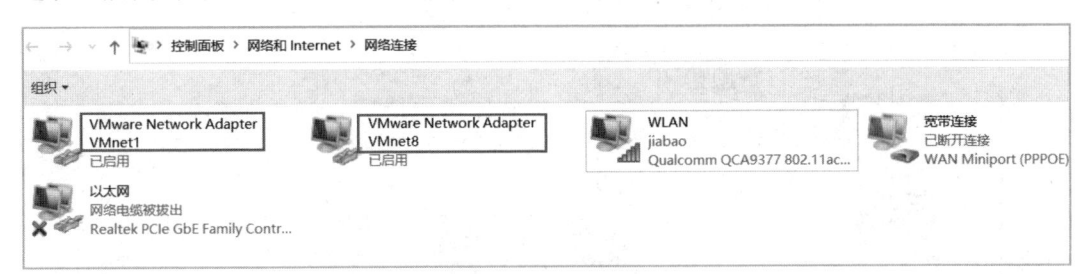

图 6-2 查看虚拟网卡

这两个虚拟网卡用于物理机与虚拟机之间的通信，其作用分别如下。

- VMware Network Adapter VMnet1：用于仅主机模式中的通信。

- VMware Network Adapter VMnet8：用于 NAT 模式中的通信。

2. 虚拟交换机

在 VMware 软件主界面中，选择"编辑"→"虚拟网络编辑器"选项，打开"虚拟网络编辑器"对话框。该对话框中显示默认的 3 个虚拟网络（VMnet0、VMnet1 和 VMnet8），它们分别对应 3 种网络工作模式，如图 6-3 所示。

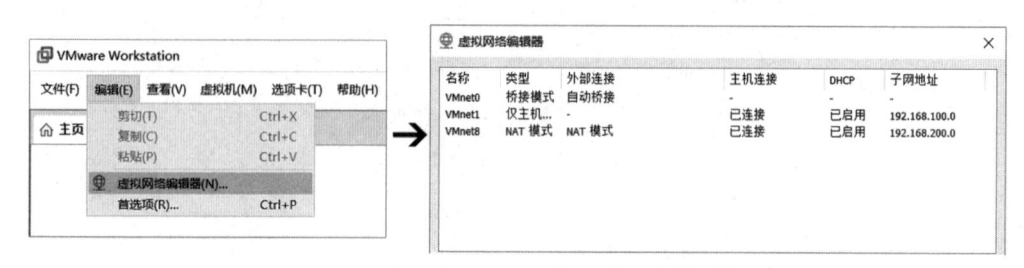

图 6-3 打开"虚拟网络编辑器"对话框

在虚拟网络中，VMware 创建了以下 3 个默认的虚拟交换机。

（1）VMnet0：桥接模式网络中的虚拟交换机。

（2）VMnet1：仅主机模式网络中的虚拟交换机。

（3）VMnet8：NAT 模式网络中的虚拟交换机。

下面对 3 种网络工作模式进行介绍。

（1）桥接模式。

桥接模式是利用虚拟网桥来实现物理机网卡与虚拟机网卡间通信的。在桥接模式中，增加了一个虚拟交换机（默认名称是 VMnet0），将桥接的虚拟机连接到此交换机的接口上，物理主机同样连接到此交换机上。使用桥接模式，虚拟机的 IP 地址需要与物理主机在同一个网段，如果需要连接外网，则虚拟机的网关和 DNS 设置需要与物理主机一致。桥接模式的网络结构如图 6-4 所示。

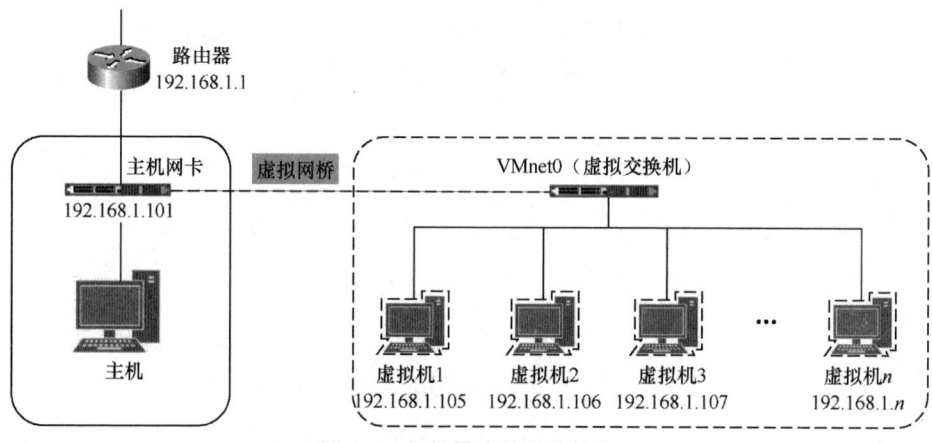

图 6-4 桥接模式的网络结构

（2）仅主机模式。

仅主机模式通过将物理机中的虚拟网卡（默认名称是 VMware Network Adapter VMnet1）连接到虚拟交换机（默认名称是 VMnet1）来实现物理机与虚拟机的通信。仅主机模式将虚拟机与外网隔开，使得虚拟机仅与物理机相互通信。在该模式中，如果要使虚拟机连接外网，则可以将物理机中能连接到 Internet 的网卡共享给虚拟网卡，以此实现虚拟机联网。仅主机模式的网络结构如图 6-5 所示。

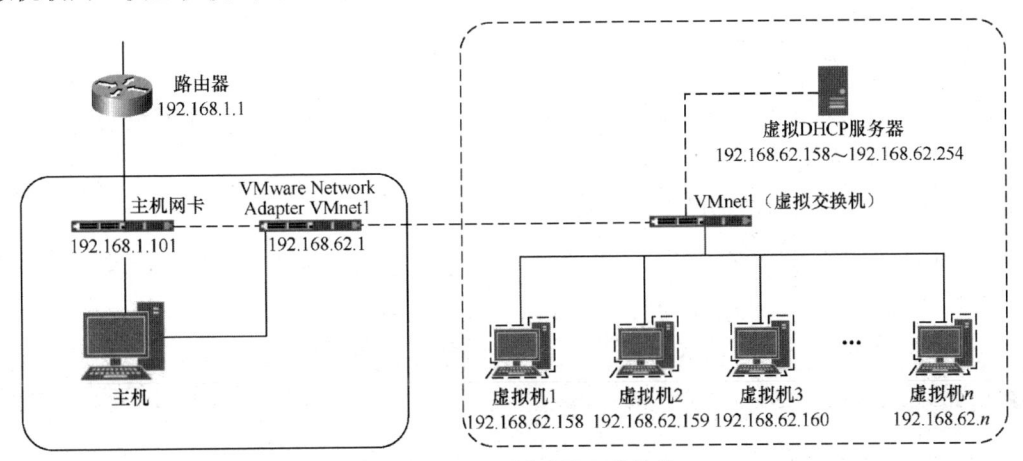

图 6-5 仅主机模式的网络结构

（3）NAT 模式。

如果网络 IP 地址资源紧缺，但又希望虚拟机能够联网，那么 NAT 模式是最好的选择。在 NAT 模式中，物理机网卡直接与虚拟 NAT 设备相连，虚拟 NAT 设备与虚拟 DHCP 服务器一起连接到虚拟交换机（默认名称是 VMnet8）上，从而实现虚拟机与外网的连接。如果物理机与虚拟机之间需要进行网络通信，则可将物理机中的虚拟网卡（默认名称是 VMware Network Adapter VMnet8）连接到虚拟交换机上。NAT 模式的网络结构如图 6-6 所示。

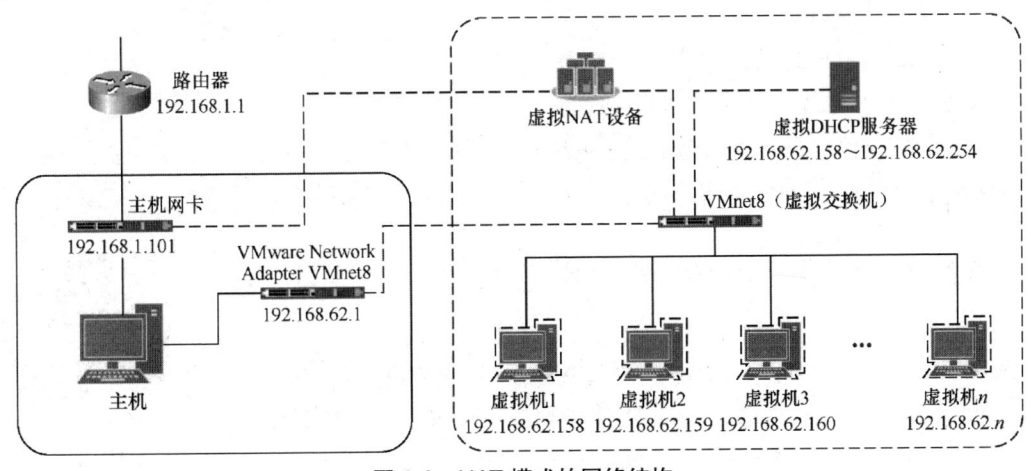

图 6-6 NAT 模式的网络结构

6.1.2 常用的网络命令

在日常工作中，我们不仅需要面对各种各样的网络设备和配置，还需要处理各种网络故障和网络性能问题，这些问题大多需要使用网络命令处理。常用的网络命令有 ifconfig、ip 和 ping 等。

1. ifconfig 命令

命令名称：ifconfig。

语法格式：ifconfig [网络设备] [down /up] [IP 地址] [netmask<子网掩码>]。

说明：用于显示或设置网络设备。

【例 6-1】显示所有活动网卡的配置信息。

```
[root@localhost ~]# ifconfig
```

【例 6-2】使用 ifconfig 命令关闭、打开 ens33 网卡。

```
[root@localhost ~]# ifconfig ens33 down
[root@localhost ~]# ifconfig ens33 up
```

2. ip 命令

命令名称：ip。

语法格式：ip [选项] 对象。

说明：用于显示或操作路由、网络设备、策略路由和隧道。

【例 6-3】使用 ip 命令查看所有设备的 IP 地址等信息。

```
[root@localhost ~]# ip addr show
```

3. ping 命令

命令名称：ping。

语法格式：ping [选项] 目标主机 IP 地址/域名。

说明：用于测试与目标主机的连通性。

【例 6-4】使用 ping 命令测试 openEuler 虚拟机与物理机（192.168.200.1）的连通性。

```
[root@localhost ~]# ping 192.168.200.1
```

6.1.3 使用 nmtui 命令配置网络

使用 nmtui 命令配置网络

nmtui 是一个文本用户界面（Text-based User Interface，TUI）的网络配置程序，可以编辑、启动连接和设置主机名。在命令行（终端）中执行 nmtui 命令可以启动网络管理器。nmtui 配置流程如图 6-7 所示，此界面只能使用键盘操作，基本操作包括使用方向键或按 Tab 键选择项目、按 Enter 键确认选项、按 Space 键切换复选框状态等。

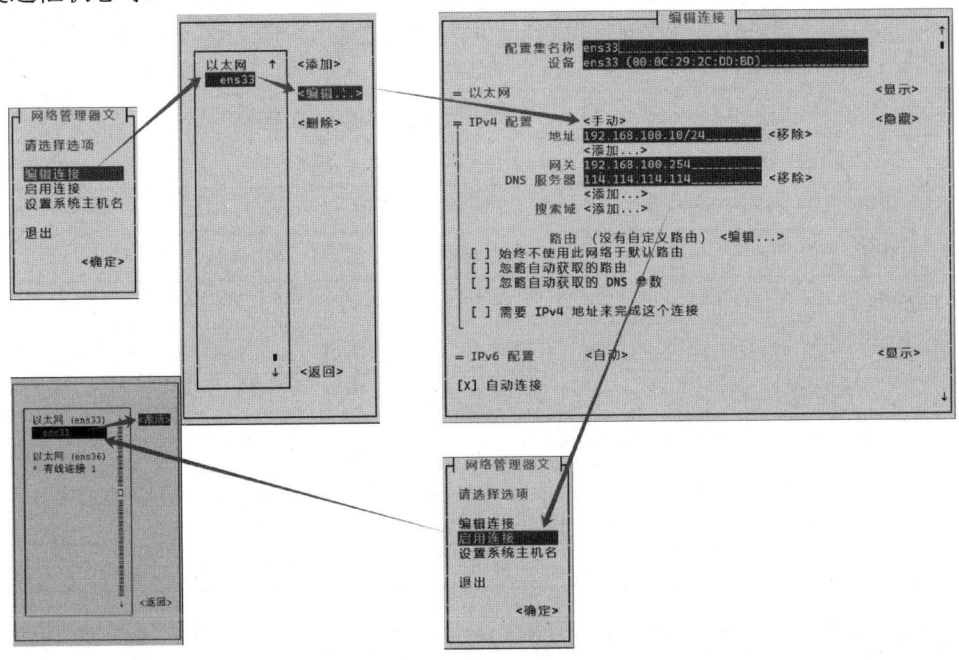

图 6-7　nmtui 配置流程

6.1.4　使用脚本文件配置网络

使用脚本文件配置网络

在 Linux 操作系统中，可以通过编辑网卡配置文件来配置网卡（网络适配器）的 IP 地址等网络参数。在 openEuler 中，网卡配置文件存放在/etc/sysconfig/network-scripts/目录下，文件名以 ifcfg-开头，如 ifcfg-ens33，其中的 ens33 是网卡名称。

【例 6-5】 查看/etc/sysconfig/network-scripts/ifcfg-ens33 网卡配置文件的内容。

[root@localhost ~]# cd /etc/sysconfig/network-scripts/

[root@localhost network-scripts]# ls

ifcfg-ens33　　　　　　　　　　　# ifcfg-ens33 是有线网卡配置文件

[root@Localhost network-scripts]# cat -n ifcfg-ens33

ifcfg-ens33 网卡配置文件中的配置项及其功能说明如表 6-1 所示。

表 6-1　ifcfg-ens33 网卡配置文件中的配置项及其功能说明

配置项	功能说明
TYPE=Ethernet	#网卡类型（通常是 Ethernet，代表以太网）
PROXY_METHOD=none	#代理方式：关闭状态
BROWSER_ONLY=no	#只是浏览器：否
BOOTPROTO=dhcp	#网卡引导协议（static 代表静态 IP 地址，dhcp 代表动态 IP 地址）

续表

配置项	功能说明
DEFROUTE=yes	#默认路由
IPV4_FAILURE_FATAL=no	#是否开启 IPv4 致命错误检测：否
IPV6INIT=yes	#IPv6 是否自动初始化：是
IPV6_AUTOCONF=yes	#IPv6 是否自动配置：是
IPV6_DEFROUTE=yes	#IPv6 是否可以为默认路由：是
IPV6_FAILURE_FATAL=no	#是否开启 IPv6 致命错误检测：否
IPV6_ADDR_GEN_MODE=stable-privacy	#IPv6 地址生成模型
NAME=ens33	#网卡物理设备名称
UUID=583dc02e-3034-4d8b-8d8c-78eb61df76ee	#通用唯一识别码
DEVICE=ens33	#网卡设备名称，必须和 NAME 值一样
ONBOOT=no	#是否开机启动（yes 或 no）

【例 6-6】设置静态 IP 地址为 192.168.200.128，子网掩码为 255.255.255.0，默认网关为 192.168.200.2，DNS 服务器为 114.114.114.114，且需要将配置文件中第 4 行的 BOOTPROTO 参数修改为 static。

BOOTPROTO=static

在文件末尾增加以下配置：

IPADDR=192.168.200.128   #静态 IP 地址
NETMASK=255.255.255.0   #子网掩码
GATEWAY=192.168.200.2   #默认网关
DNS1=114.114.114.114   #DNS 服务器

配置修改完毕后，执行以下命令并重启网络服务，以使配置生效。

[root@localhost ~]#systemctl restart NetworkManager

6.1.5 使用 nmcli 命令配置网络

使用 nmcli 命令配置网络

nmcli 是 NetworkManager command-line interface 的缩写，被称为 NetworkManager 的命令行接口。

命令名称：nmcli。

语法格式：nmcli [选项] 对象。

说明：用于修改网络设备的配置，并将其永久写入配置文件。

nmcli 命令的各种用法及功能如表 6-2 所示。

表 6-2 nmcli 命令的各种用法及功能

用法	功能
nmcli help	查看 nmcli 帮助
nmcli device status	显示设备状态
nmcli device show ens33	显示 ens33 网卡设备的属性
nmcli device disconnect ens33	禁用 ens33 网卡
nmcli device connect ens33	启用 ens33 网卡
nmcli connection show	显示所有网络连接
nmcli connection show ens33	显示 ens33 连接的信息
nmcli connection down ens33	禁用 ens33 连接
nmcli connection up ens33	启用 ens33 连接
nmcli connection add	创建新连接
nmcli connection modify	修改连接
nmcli connection delete	删除连接

【例 6-7】使用 nmcli 命令查看所有网络连接的信息。

```
[root@localhost ~]#nmcli connection show
NAME     UUID                                    TYPE       DEVICE
ens33    fe11dce2-cec2-4282-b495-63e3073925c3    ethernet   ens33
```

【例 6-8】使用 nmcli 命令查看 ens33 网卡设备的属性。

```
[root@localhost ~]#nmcli device show ens33
GENERAL.DEVICE: ens33
GENERAL.TYPE: ethernet
GENERAL.HWADDR: 00:0C:29:24:AA:CD
GENERAL.MTU: 1500
GENERAL.STATE: 100（已连接）
GENERAL.CONNECTION:   ens33
GENERAL.CON-PATH:     /org/freedesktop/NetworkManager/ActiveConnection/1
WIRED-PROPERTIES.CARRIER: 开
IP4.ADDRESS[1]: 192.168.100.10/24
IP4.GATEWAY:  192.168.100.1
IP4.ROUTE[1]:   dst = 192.168.100.0/24, nh = 0.0.0.0, mt = 100
IP4.ROUTE[2]:   dst = 0.0.0.0/0, nh = 192.168.100.1, mt = 100
IP6.ADDRESS[1]:  fe80::20c:29ff:fe24:aacd/64
IP6.GATEWAY:  --
```

IP6.ROUTE[1]:   dst = fe80::/64, nh = ::, mt = 100

【例 6-9】使用 nmcli 命令查看 ens33 连接的信息。

```
[root@localhost ~]#nmcli connection show ens33
    connection.id:                          ens33
    connection.uuid:                        fe11dce2-cec2-4282-b495-63e3073925c3
    connection.stable-id:                   --
    connection.type:                        802-3-ethernet
    connection.interface-name:              ens33
    connection.autoconnect:                 是
    connection.autoconnect-priority:        0
    connection.autoconnect-retries:         -1 (default)
    ……
```

在使用 nmcli 命令管理连接时，需要设置相应的选项，各选项及功能如表 6-3 所示。

表 6-3   nmcli 命令的各选项及功能

选项	功能
con-name	指定连接名称
ipv4.method	指定获取 IP 地址的方式
ifname	指定网卡设备名，也就是次配置所生效的网卡
autoconnect	指定是否自动启动
ipv4.addresses	指定 IPv4 地址
gw4	指定网关

【例 6-10】创建名称为 ens37 的连接，将其绑定到 ens33 网卡，并指定静态 IP 地址为 192.168.200.10，网关为 192.168.200.1，不自动连接。

```
[root@localhost ~]# nmcli connection add con-name ens37 ipv4.method manual ifname ens33 autoconnect no type Ethernet ipv4.addresses 192.168.200.10/24 gw4 192.168.200.1
```

【例 6-11】启用 ens37 连接。

```
nmcli connection up ens37
```

6.2 SSH 服务的基础知识

管理与配置 SSH 服务

在实际工作环境中，服务器通常部署在机房，无法在本地被直接操作，那么，我们应该怎样访问它呢？这时就需要远程登录服务器了。SSH 远程登录服务提供了安全、加密的网络连接，使得用户能够远程登录服务器，进而执行命令或传输文件。

6.2.1 SSH 服务概述

（1）安全外壳（Secure Shell，SSH）是一种能够以安全的方式提供远程登录的协议。目前，远程管理 Linux 操作系统的首选方式就是 SSH 远程连接。

（2）sshd 是基于 SSH 协议开发的一款远程管理服务程序，openEuler 操作系统通过 sshd 程序提供服务器远程管理服务。它提供以下两种安全验证的方法。

① 基于口令的验证：用账户和密码来验证登录。

② 基于密钥的验证：需要在客户端本地生成密钥对（私钥和公钥），私钥自己保留，公钥需上传至服务器。登录时，服务器使用公钥对客户端发来的加密字符串进行解密认证。该方法相对更安全。

ssh 命令是 sshd 服务提供的 SSH 服务器远程访问工具，使用 ssh 命令可以进行远程登录连接。

命令名称：ssh。

语法格式：ssh [选项] 主机 IP 地址。

说明：用于远程登录连接。

6.2.2 基于口令远程登录 openEuler 主机

1. 使用 ssh 命令远程登录服务器

【例 6-12】设置服务器主机名为 openEuler-Server，IP 地址为 192.168.200.10/24；客户端主机名为 openEuler-Client，IP 地址为 192.168.200.20/24。在客户端使用 root 用户的身份远程登录服务器。

```
[root@openEuler-Client ~]# ssh 192.168.200.10
The authenticity of host '192.168.200.200 (192.168.200.10)' can't be established.
ECDSA key fingerprint is SHA256:QM5g1PSWuo1phh3zaI14Mx81lSXCpW4v31ovEyiL7Gc.
ECDSA key fingerprint is MD5:08:f0:76:2e:6b:b4:a2:76:ac:a1:b8:9b:07:33:3e:6d.
Are you sure you want to continue connecting (yes/no)? yes        # 输入 yes 继续连接
Warning: Permanently added '192.168.200.10' (ECDSA) to the list of known hosts.
root@192.168.200.10's password:   # 此处输入服务器的 root 用户的密码
……
```

查看用户的登录信息。

```
[root@openEuler-Server ~]# who am i
root     pts/1          2024-9-6 11:21 (192.168.200.20)
```

输入 exit，退出登录。

```
[root@openEuler-Server ~]# exit
Connection to 192.168.200.10 closed.
```

2. 禁止 root 用户以 SSH 方式远程登录服务器

禁止 root 用户使用 SSH 协议远程登录可以提高服务器的安全性。该设置需要在服务器端修改 sshd 服务的主配置文件/etc/ssh/sshd_config，即删除第 41 行 "#PermitRootLogin yes"前的 "#"以取消注释，并把参数值 "yes"改成 "no"，随后保存并退出。

【例 6-13】禁止 root 用户使用 SSH 协议远程登录。

（1）修改 sshd 服务的主配置文件。

```
[root@openEuler-Server ~]# vi   /etc/ssh/sshd_config
……（省略部分输出信息）
41   PermitRootLogin no
……（省略部分输出信息）
```

（2）重启 sshd 服务，使新配置生效。

```
[root@openEuler-Server ~]# systemctl restart sshd
```

（3）在客户端主机 openEuler-Client 上再次使用 root 用户的身份登录服务器，系统会提示不可访问的错误信息。

```
[root@openEuler-Client ~]# ssh 192.168.200.10
root@192.168.200.10's password:      # 此处输入服务器的 root 用户的密码
Permission denied, please try again.
```

6.2.3 基于密钥远程连接 openEuler 主机（免密登录）

基于密钥远程连接 openEuler 主机时，配置 root 用户以密钥验证方式登录，需要首先在客户端使用 ssh-keygen 命令生成密钥对，然后使用 ssh-copy-id 命令将密钥对中的公钥上传至服务器。服务器中的 sshd 服务需要配置允许 root 用户远程登录。

【例 6-14】在 openEuler-Client 客户端基于密钥远程连接 openEuler 主机。

（1）在 openEuler-Server 服务器端配置允许 root 用户远程登录。

```
[root@openEuler-Server ~]# vi /etc/ssh/sshd_config
……
41   PermitRootLogin yes          # 参数值如果是 no，则将其修改为 yes
……
```

（2）配置文件修改完毕后，重启 sshd 服务程序。

```
[root@openEuler-Server ~]# systemctl restart sshd
```

（3）在 openEuler-Client 客户端使用 ssh-keygen 命令生成密钥对。

[root@openEuler-Client ~]# ssh-keygen

（4）在 openEuler-Client 客户端使用 ssh-copy-id 命令，将密钥对中的公钥上传至服务器（服务器 IP 地址为 192.168.200.10）。

[root@openEuler-Client ~]# ssh-copy-id 192.168.200.10

（5）在 openEuler-Server 服务器端配置拒绝口令验证。

[root@openEuler-Server ~]# vi /etc/ssh/sshd_config
……
　　66　PasswordAuthentication no　　# 将参数值 yes 修改为 no
……

（6）配置文件修改完毕后，重启 sshd 服务程序。

[root@openEuler-Server ~]# systemctl restart sshd

（7）在 openEuler-Client 客户端尝试登录 openEuler-Server 服务器，此时无须输入密码便可成功登录。至此，实现了 root 用户的免密登录。

[root@ openEuler-Client ~]# ssh 192.168.200.10
Last login: Tue May 28 11:21:26 2024

自学自测

一、选择题

1．在 Linux 操作系统中，（　　）命令用于查看当前的网络配置。
　　A．ifconfig　　　　　　　　B．netstat
　　C．route　　　　　　　　　D．ip addr

2．（　　）命令可用于测试网络连通性。
　　A．ping　　　　　　　　　B．ifconfig
　　C．nmtui　　　　　　　　　D．nmcli

3．以下文件中，包含了 Linux 操作系统的网络接口配置信息的是（　　）。
　　A．/etc/network/interfaces　　　B．/etc/hostname
　　C．/etc/resolv.conf　　　　　D．/etc/hosts

4．在 Linux 操作系统中，可以通过编辑网卡配置文件来配置网卡（网络适配器）的 IP 地址等网络参数，在 ifcfg-ens33 文件中，（　　）配置项用于开机启动网卡。
　　A．TYPE=Ethernet　　　　　B．ONBOOT=no
　　C．ONBOOT=yes　　　　　　D．NAME=ens33

5．（　　）是一个文本用户界面的网络配置程序。

A．ping B．nmcli
C．ifconfig D．nmtui

6．下列 SSH 认证方法中，不需要用户交互就能完成认证的是（　　）。

A．密码认证 B．密钥认证
C．基于 Kerberos 的认证 D．基于二步认证的认证

7．在 SSH 中，下列配置可以设置允许用户通过 SSH 连接的是（　　）。

A．PermitRootLogin yes B．PasswordAuthentication no
C．AllowUsers user1 user2 D．DenyUsers user1 user2

8．下列方法中，能够实现永久配置 IP 地址的是（　　）。

A．ip 命令 B．ifconfig 命令
C．修改网卡配置文件 D．以上都正确

9．将物理机网卡直接与虚拟 NAT 设备相连，并将虚拟 NAT 设备与虚拟 DHCP 服务器一起连接到虚拟交换机（默认名称是 VMnet8）上，从而实现虚拟机连接外网的是（　　）。

A．桥接（Bridged）模式 B．NAT（网络地址转换）模式
C．仅主机（Host-Only）模式 D．以上都不对

10．在 openEuler 操作系统中，执行（　　）命令可以将主机名修改为 huawei。

A．hostname huawei

B．hostnamect1 huawei

C．echo ""huawei"" >/etc/hostname

D．hostnamectl set-hostname huawei

课中实训

任务 6.1　管理网络配置

1．任务要求

（1）掌握虚拟机网络工作模式的设置方法。

（2）掌握使用 nmtui 命令和脚本文件配置网络的方法。

2．任务实施

（1）为虚拟机增加两个网卡，配置其中一个网卡的网络连接为仅主机模式，另一个网卡的网络连接为 NAT 模式，如图 6-8 所示。

（2）设置虚拟交换机 VMnet1（仅主机模式）的子网地址为 192.168.10.0，VMnet8（NAT

模式）的子网地址为 192.168.20.0，如图 6-9 所示。

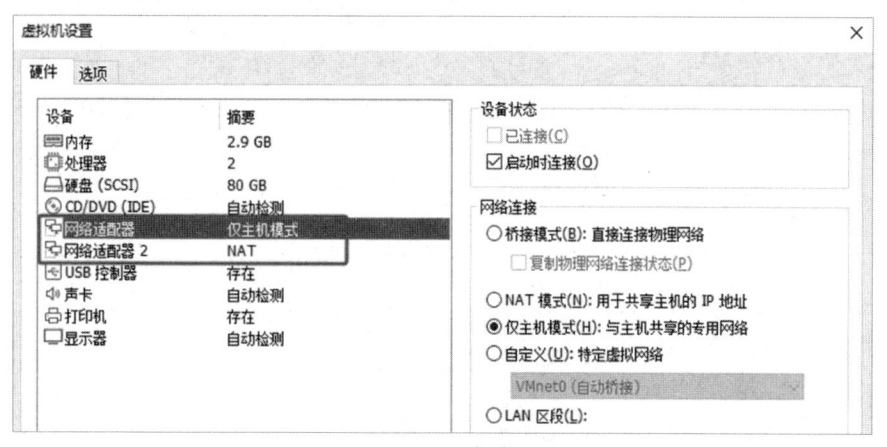

图 6-8　虚拟机网卡配置

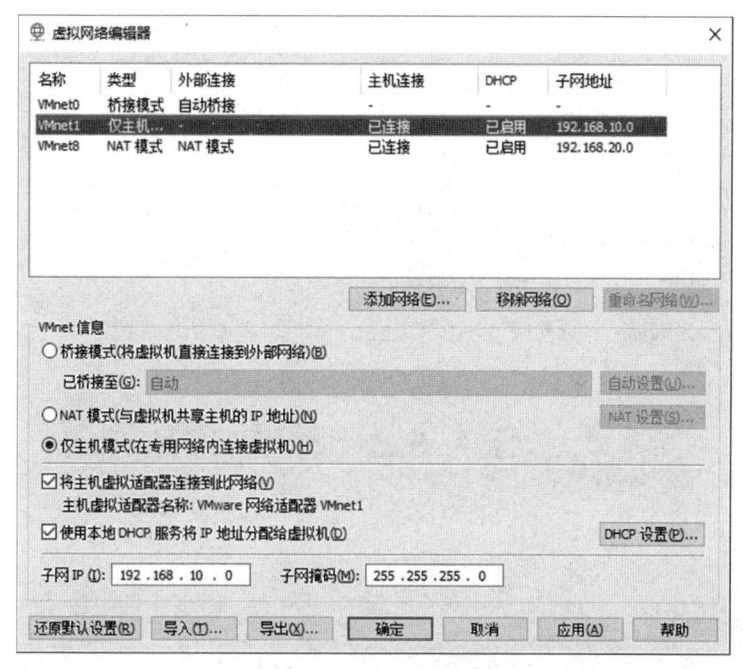

图 6-9　虚拟网络配置

（3）使用 nmtui 命令，配置网络工作模式为仅主机模式的网卡（配置内容：手动模式；IP 地址为 192.168.10.111；网关为 192.168.10.254），并设置主机名为 Server。

```
[root@openEuler-Server ~]# nmtui
# 选择 "Edit a connection"
# 选择 ens33
# 在 IPv4 CONFIGURATION 中选择 Manual
# IP 地址：192.168.10.111
# 子网掩码：255.255.255.0
```

网关：192.168.10.254

保存并退出

选择 "Edit a connection"

选择 Activate a connection

选中 ens33 并按 Enter 键，有*号代表已激活，之后返回

选择 Set system hostname，修改主机名为 Server

（4）通过编辑脚本文件，配置网络工作模式为 NAT 模式的网卡（配置内容：手动模式；IP 地址为 192.168.20.111；网关为 192.168.20.254），并设置主机名为 Client。

选择 "Edit a connection"

选择 ens34

在 IPv4 CONFIGURATION 中选择 Manual

IP 地址：192.168.20.111

子网掩码：255.255.255.0

网关：192.168.20.254

保存并退出

选择 "Edit a connection"

选择 Activate a connection

选中 ens33 并按 Enter 键，有*号代表已激活，之后返回

选择 Set system hostname，修改主机名为 Client

任务 6.2　管理 SSH 服务

1. 任务要求

（1）掌握 SSH 服务的应用。

（2）掌握 SSH 服务的免密登录配置。

2. 任务实施

（1）开启两个虚拟机，并对其进行网络配置，配置内容参见任务 6.1。

（2）在 Server 主机使用 systemctl start 命令启动 sshd 服务。

[root@Server ~]# systemctl start sshd

（3）在 Client 主机使用 ip 命令查看其 IP 地址。

[root@Client ~]# ip addr

（4）在 Server 主机使用 ping 命令检查两台主机是否连通。

```
[root@Server ~]# ping 192.168.20.111
```

（5）在 Server 服务器端配置允许 root 用户远程登录主机。

```
[root@Server ~]# vi /etc/ssh/sshd_config
......
  41  PermitRootLogin yes          # 参数值如果是 no，则将其修改为 yes
......
```

（6）配置文件修改完毕后，重启 sshd 服务程序。

```
[root@Server ~]# systemctl restart sshd
```

（7）在 Client 客户端使用 ssh-keygen 命令生成密钥对。

```
[root@Client ~]# ssh-keygen
```

（8）在 Client 客户端使用 ssh-copy-id 命令将密钥对中的公钥上传至 Server 服务器。

```
[root@Client ~]# ssh-copy-id 192.168.10.111
```

（9）在 Server 服务器端配置拒绝口令验证。

```
[root@Server ~]# vi /etc/ssh/sshd_config
......
  66  PasswordAuthentication no    # 将参数值 yes 修改为 no
......
```

（10）配置文件修改完毕后，重启 sshd 服务程序。

```
[root@Server ~]# systemctl restart sshd
```

（11）在 Client 客户端上尝试登录 Server 服务器，此时无须输入密码便可成功登录，至此，实现了 root 用户的免密登录。

```
[root@Client ~]# ssh 192.168.10.111
```

评价反馈

学生自评表

班级		姓名		学号	
项目六	管理网络配置与 SSH 服务				
评价项目	评价标准			分值	得分
管理网络配置	能在 Linux 操作系统中配置网络接口			40	
管理 SSH 服务	掌握 SSH 服务的安装、配置和基本管理			60	
合计				100	

教师评价表

班级		姓名		学号	
项目六	管理网络配置与 SSH 服务				
评价项目	评价标准			分值	得分
职业素养	无迟到早退，遵守纪律			10	
	能在团队协作过程中发挥引领作用			10	
	对任务中出现的问题具有探究精神，能解决问题并举一反三			10	
工作过程	能按计划实施工作任务			10	
工作质量	能按照要求，保质保量地完成工作任务			50	
工作态度	能认真预习、完成和复习工作任务			10	
合计				100	

课后提升

远程复制文件

scp 是一个基于 SSH 协议的，可用于在网络上进行数据安全传输的命令。cp 命令只能在本地硬盘中复制文件，而 scp 命令能够通过网络传输（复制）数据，且传输的所有数据都进行了加密处理。

使用 scp 命令把本地文件上传到远程主机，语法格式如下：

scp [参数] 本地文件 远程账户@远程 IP 地址:远程目录

使用 scp 命令把远程主机中的文件下载到本地，语法格式如下：

scp [参数] 远程用户@远程 IP 地址:远程文件 本地目录

【例 6-15】使用 scp 命令完成客户端与服务器（IP 地址为 192.168.200.200）之间的文件传输。

（1）在客户端新建一个文件 hello.txt。

[root@client ~]#touch hello.txt

（2）将本地文件 hello.txt 复制到服务器的/root 目录中。

[root@client ~]# scp hello.txt 192.168.200.200:/root

root@192.168.200.200's password:

hello.txt   100%   29   1.8KB/s   00:00

（3）登录服务器，查看刚刚上传的 hello.txt 文件并为其添加内容。

[root@client ~]# ssh 192.168.200.200

```
root@192.168.200.200's password:
Last login: Thu Mar 7 11:27:51 2024 from 192.168.200.132
[root@localhost ~]# ls *.txt
hello.txt
[root@localhost ~]# cat hello.txt
hello localhost! this is Client
[root@localhost ~]# echo Hello! this is localhost >> hello.txt
[root@localhost ~]# exit
```

（4）将 hello.txt 文件从远程服务器复制到客户端的/root 目录中，并将其重命名为 rehello.txt。

```
[root@client ~]# scp 192.168.200.200:/root/hello.txt   /root/rehello.txt
root@192.168.200.200's password:
hello.txt                           100%    51    `27.3KB/s    00:00
[root@client ~]# ls *.txt
hello.txt        rehello.txt
```

项目七　Shell 编程应用

项目需求

近期将有一批新员工入职张三所在公司，因此，张三要为这些新员工创建 openEuler 服务器的用户账号。尽管他对添加用户的命令 useradd 已经非常熟悉了，但使用该命令一个一个地添加用户的效率太低了，有没有什么方法可以提高效率呢？张三请教了有经验的同事，了解到要想高效地完成这个任务，需要使用 Shell 脚本编程。

本项目的核心内容是 openEuler 操作系统的 Shell 编程应用。

项目目标

1．思政目标

（1）通过讲解管道符，引导学生体会将复杂任务拆解为简单命令组合背后的蕴含哲学，进而掌握化繁为简、分步实施的工作方法。

（2）通过讲解多条件嵌套，避免学生在复杂场景中进行"非黑即白"的简单判断，培养其"全面、联系、发展"的辩证思维。

（3）通过进行"循环边界控制—人生方向把握""条件判断—规则遵守"等类比，引导学生从技术操作中领悟处世哲学，实现编程育人与立德树人的深度统一。

2．知识目标

（1）了解重定向命令和管道命令的基础知识。

（2）了解 Shell 及 Shell 脚本的基础知识。

（3）理解条件语句的应用场景。

（4）理解循环语句的应用场景。

3．能力目标

（1）掌握重定向命令和管道命令的应用。

（2）掌握 Shell 变量的应用。

（3）掌握条件语句的应用。

（4）掌握循环语句的应用。

思维导图

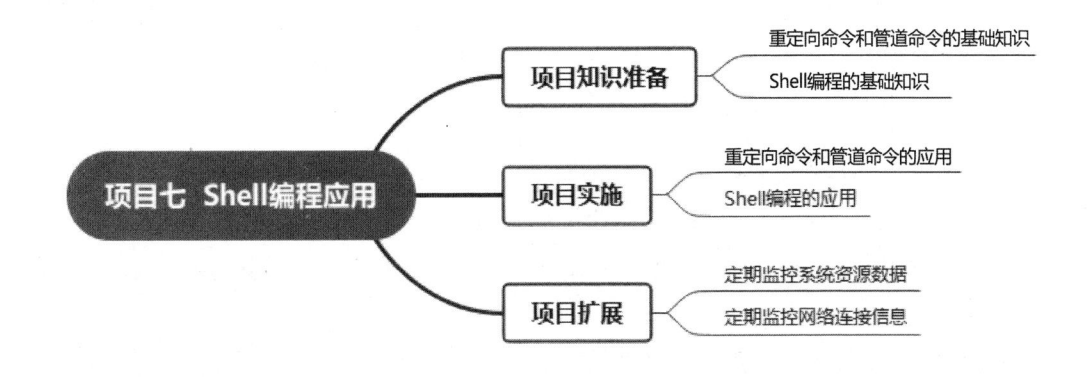

```
                              ┌─ 项目知识准备 ─┬─ 重定向命令和管道命令的基础知识
                              │                └─ Shell 编程的基础知识
                              │
项目七 Shell 编程应用 ────────┼─ 项目实施 ─────┬─ 重定向命令和管道命令的应用
                              │                └─ Shell 编程的应用
                              │
                              └─ 项目扩展 ─────┬─ 定期监控系统资源数据
                                               └─ 定期监控网络连接信息
```

课前自学——项目知识准备

思政案例

工匠精神

"学技术是其次，学做人是首位，干活要凭良心。"胡双钱喜欢把这句话挂在嘴边，这也是他技工生涯的座右铭。

胡双钱是一位坚守航空事业 35 年、加工数十万个飞机零件而无一出错的钳工。坚守质量，已经成为他融入血液的习惯。他心里清楚，一次差错可能会造成不可估量的损失甚至让人付出生命的代价。他用自己总结归纳的"对比复查法"和"反向验证法"，在飞机零件制造岗位上创造了 35 年零差错的纪录，连续十二年被公司评为"质量信得过岗位"，并被授予产品免检荣誉证书。

胡双钱不仅加工飞机零件无差错，还特别能攻坚。在 ARJ21 新支线飞机与 C919 大型客机项目的研制和试飞阶段，设计定型及各项试验的过程中会产生许多特制件，这些特制件无法进行大批量、规模化的生产，钳工加工是制作这些特制件最直接的手段。胡双钱运用几十年的经验积累和技术沉淀，攻坚克难，创新工作方法，圆满完成了 ARJ21 新支线飞机首批交付飞机起落架钛合金作动筒接头特制件、C919 大型客机首架机壁板长桁对接接头特制件等加工任务，先后获得全国五一劳动奖章，以及全国劳动模范、全国道德模范称号。

"一定要把我们自己的装备制造业搞上去，一定要把大飞机搞上去。"已经 65 岁的胡双钱说，"最好再干 10 年、20 年，为中国大飞机多做一点。"

7.1 重定向命令和管道命令的基础知识

7.1.1 重定向命令概述

1. 文件标识符和标准输入输出

系统在启动一个进程的同时会为该进程打开 3 个文件：标准输入（stdin）、标准输出（stdout）和标准错误输出（stderr），分别用文件标识符 0、1、2 来标识。如果要为这个进程打开其他输入输出，则需要从整数 3 开始标识。默认情况下，标准输入设备为键盘，标准输出设备和标准错误输出设备为显示器。

【例 7-1】用键盘输入 date 和 data 两个字符，按 Enter 键，查看结果。

```
[root@localhost ~]# date
Fri Mar 1 08:02:57 PM CST 2024
[root@localhost ~]# data
-bash: data: command not found
```

在本例中，在 bash 命令行中输入 date 字符时，bash 进程中的标准输入端口捕获命令行中的输入（即标准输入），系统识别到 date 字符为日期命令，因此进行处理后从标准输出端口传出，并把日期结果显示在屏幕上（即标准输出）；在 bash 命令行中输入 data 字符时，系统识别到 data 字符不是命令，因此处理过程发生异常，并通过标准错误端口将异常结果显示在屏幕上（即标准错误输出）。

2. 重定向

重定向是指将原来从标准输入设备（键盘）输入的数据，改为从其他文件或设备输入，或者将原来应该输出到标准输出设备（显示器）的内容，输出到其他文件或设备中。

重定向命令的符号及功能如表 7-1 所示。

表 7-1 重定向命令的符号及功能

符号	功能
>	标准输出覆盖重定向，即将命令的输出覆盖重定向到其他文件中
>>	标准输出追加重定向，即将命令的输出追加重定向到其他文件中
>&	标识输出重定向，即将一个标识的输出重定向到另一个标识的输入
<	标准输入重定向，即命令将由从键盘输入改为从指定文件中读取并输入

（1）输出重定向命令的应用。

【例 7-2】使用 ">" 命令，把当前系统时间覆盖输出到 datefile.txt 文件中，并查看该文件中的内容。

```
[root@localhost ~]# touch datefile.txt
[root@localhost ~]# date > datefile.txt
[root@localhost ~]# cat datefile.txt
Fri Mar 1 08:44:14 PM CST 2024
[root@localhost ~]# date > datefile.txt
[root@localhost ~]# cat datefile.txt
Fri Mar 1 08:46:27 PM CST 2024
```

在本例中，首先创建了一个新的 datefile.txt 文件，并两次使用输出重定向命令将日期输出到 datefile.txt 文件中，然后使用 cat 命令输出文件内容。结果只显示一条最新的日期记录，说明原来文件的日期记录被覆盖了。

【例 7-3】 使用 ">>" 命令，把当前系统时间追加输出到 datefile.txt 文件中，并查看该文件中的内容。

```
[root@localhost ~]# date >> datefile.txt
[root@localhost ~]# cat datefile.txt
Fri Mar 1 08:46:27 PM CST 2024
Fri Mar 1 08:52:19 PM CST 2024
```

在本例中，首先使用输出重定向命令，把日期输出到 datefile.txt 文件中，然后使用 cat 命令输出文件内容。结果显示两条日期记录，说明在原来文件的基础上追加了一条新的日期记录。

（2）输入重定向命令的应用。

【例 7-4】 创建一个用户 gdcmxy，通过 "<" 命令和 grep 命令查看用户的基本信息。

```
[root@localhost ~]# useradd gdcmxy
[root@localhost ~]# grep "gdcmxy" < /etc/passwd
gdcmxy:x:1000:1000::/home/gdcmxy:/bin/bash
```

在本例中，使用输入重定向命令，将/etc/passwd 文件作为 grep 命令的输入内容，即 grep 命令从/etc/passwd 文件中查找 gdcmxy 用户的基本信息，并输出结果。

7.1.2 管道命令概述

Shell 通过管道命令 "|" 将众多命令前后衔接在一起，即一条命令通过标准输入端口接收一个文件中的数据，命令执行后产生的结果数据通过标准输出端口传递给后一条命令，并作为该条命令的输入数据，该条命令同样通过标准输入端口接收这个输入数据。因此，管道命令总是按从左到右的顺序执行。管道命令不仅可以降低命令的复杂度，也可以

对数据进行过滤，从而使数据处理更高效。

命令名称：|。

语法格式：command 1 | command 2 | ... | command n 。

【例 7-5】使用管道命令显示 openEuler 操作系统中用户 gdcmxy 的信息。

[root@localhost ~]# cat /etc/passwd | grep "gdcmxy"
gdcmxy:x:1000:1000::/home/gdcmxy:/bin/bash

在本例中，使用 cat 命令输出/etc/passwd 文件中的内容，通过管道命令"|"，将 cat 命令的输出结果作为 grep 命令的输入内容。即 grep 命令从 cat 命令的输出结果中查找用户 gdcmxy 的信息并输出。

7.2 Shell 编程的基础知识

Shell 编程基础

7.2.1 Shell 简介

Shell 是系统的用户界面，用户通过这个界面访问操作系统内核的服务。也就是说，Shell 提供了用户与内核进行交互操作的一种接口，它将用户输入的命令送到内核中执行，然后返回执行结果，其框架如图 7-1 所示。

Shell 是可编程的，它是一个用 C 语言编写的程序，也是用户使用 Linux 操作系统的桥梁。可以说，Shell 既是一种命令语言，又是一种程序设计语言。

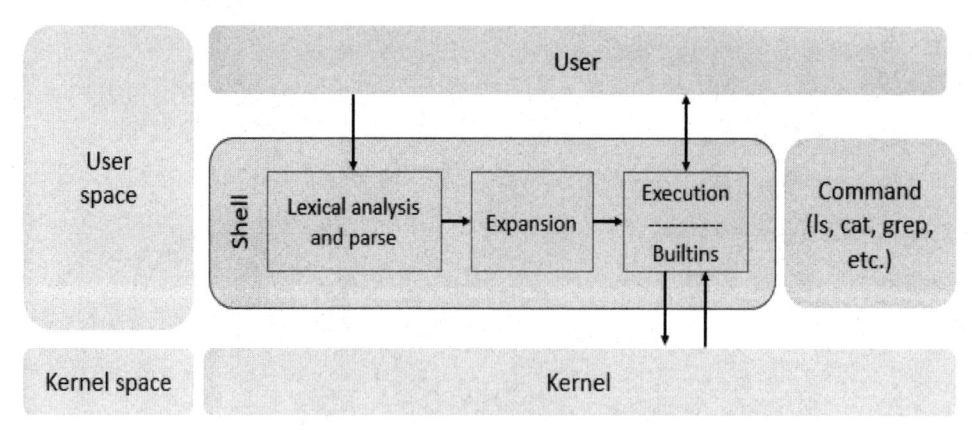

图 7-1 Shell 框架

想一想：你了解的程序设计语言有哪些？

当一个用户登录 Linux 操作系统后，系统会为该用户创建一个 Shell 程序。Linux 操作系统中有多种 Shell 程序可供选择，如 dash、csh、zsh 等，我们可以通过/etc/shells 文件查看系统默认安装的 Shell 类型，也可以通过/etc/passwd 文件查看每个用户所使用的默认 Shell 类型。

想一想：使用什么命令可以查看当前登录用户所使用的默认 Shell 类型？

7.2.2 Shell 脚本

Shell 脚本（shell script）是一种为 Shell 编写的脚本程序。

Shell 脚本是一种非常优秀的编程语言，不需要经过编译就能够运行，这对用户来说十分方便。Shell 脚本能够提供数组、循环结构、分支和逻辑判断等重要功能。因此，系统管理人员需要掌握 Shell 脚本的编写方法，以简化系统管理任务，提高工作效率。

Shell 脚本程序的结构如图 7-2 所示。

Shell 程序由以"#!"开头的解释器、程序体和以"#"开头的注释行这 3 部分组成。

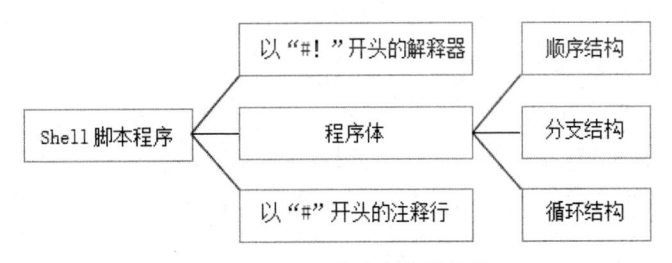

图 7-2 Shell 脚本程序的结构

【例 7-6】创建 HelloWorld.sh 文件，输入程序代码。

[root@localhost ~]# vi HelloWorld.sh
#!/bin/bash
program shows "Hello World!" in your screen.
echo   "Hello World!"
[root@localhost ~]# sh HelloWorld.sh
Hello World!

在本例中，第 1 行的"#!/bin/bash"不能省略，它表示执行脚本时使用的 Shell 的名称为/bin/bash；第 2 行为注释行，以"#"开头，通常用于标注程序的功能、创建时间、修改时间等；第 3 行为主程序部分，使用 echo 命令输出"Hello World!"；第 4 行执行 HelloWorld.sh 文件。除了使用 sh 命令执行 Shell 脚本文件，也可以通过 source HelloWorld.sh 命令和 . HelloWorld.sh 命令来执行 Shell 脚本文件。需要注意的是，如果该文件没有执行权限，则需要使用 chmod +x 命令为其更改可执行权限。

查一查：以上提到的可以执行 Shell 脚本文件的 3 种命令之间有什么区别？

7.2.3　Shell 变量

Shell 变量用于存储数据值，根据作用范围不同，可将其分为局部变量（自定义普通变量）和全局变量（环境变量）。

1. Shell 局部变量

局部变量是任何一种编程语言中必不可少的组成部分，由开发者在程序脚本中创建。局部变量的作用范围是其命令行所在的 Shell 或 Shell 脚本文件。如果有需求，那么也可以利用 export 命令将局部变量设置为全局变量。

（1）局部变量的命名与赋值。

命令名称：=。

语法格式：variable_name=value。

变量的命名与赋值需要遵循一定的规范，具体如下。

① 变量名由数字、字母、下画线组成。

② 变量名必须以字母或下画线开头。

③ 等号两侧不能有空格。

④ 变量值若包含空格，则必须用引号引起来。

（2）局部变量的引用。

命令名称：$。

语法格式：$variable_name。

【例 7-7】定义变量 username 和 password，并分别为其赋值"gdcmxy"和"888888"，之后打印变量的值。

```
[root@localhost ~]# username="gdcmxy"
[root@localhost ~]# password="888888"
[root@localhost ~]# echo $username
gdcmxy
[root@localhost ~]# echo $password
888888
```

2. Shell 全局变量

Shell 全局变量是指由 Shell 定义和赋初值的 Shell 变量，可以在创建它们的 Shell 及其派生出来的任意子进程 Shell 中使用。全局变量分为自定义全局变量和 bash 内置的全局变量。

全局变量可以在命令行中设置和创建，但在用户退出命令行时，这些变量值会丢失。若想要永久保存全局变量，则可在用户家目录下的.bash_profile 文件或.bashrc（非用户登录模式特有，如 SSH）文件中定义，或者在/etc/profile 文件中定义，这样用户每次登录时，这些变量都将被初始化。

set 命令可用于设置全局变量。

命令名称：set。

语法格式：set environment_variable=new_value。

【例 7-8】设置用户的家目录为/home/test，并使用 cd $HOME 命令切换至用户的家目录。

```
[root@localhost ~]# echo $HOME
/root
[root@localhost test]# set HOME=/home/test
[root@localhost test]# cd $HOME
[root@localhost ~]# pwd
/root
[root@localhost ~]# echo $HOME
/root
```

在本例中，使用 set 命令设置了临时性的全局变量，但在用户退出命令行时，该全局变量就失效了。要想永久保存全局变量，则需要修改/etc/profile 文件。

查一查：怎样修改/etc/profile 文件才可以永久保存全局变量？

3. Shell 算术运算

在 Shell 脚本编程过程中，不能直接使用表达式进行计算，而是需要使用"$((表达式))"和"$[表达式]"的形式进行数值运算，且 Shell 系统默认仅支持整数运算。常用的运算符及其作用如表 7-2 所示。

表 7-2 常用的运算符及其作用

运算符	作用
+、-、*、/	加法、减法、乘法、除法
变量名++、变量名--	变量后置递增、变量后置递减
++变量名、--变量名	变量前置递增、变量前置递减
%、**	求余、求幂

【例 7-9】创建 sumTest.sh 文件，在用户输入两个整数变量后，实现这两个变量的数值相加，并输出结果。

```
[root@localhost ~]# vi sumTest.sh
#!/bin/bash
read -p "please input num1:" num1
```

```
read -p "please input num2:" num2
sum=$(($num1+$num2))
#也可以使用以下语句
#sum=$[num1+num2]
echo "sum="$sum
```

7.2.4 用户输入命令

在 Shell 脚本中，若要与用户进行交互，则可以使用 read 命令从键盘中读取变量的值。

命令名称：read。

语法格式：read [选项] [变量名]。

说明：用于从键盘中读取变量的值。

read 命令的选项及说明如表 7-3 所示。

表 7-3　read 命令的选项及说明

选项	说明
-p	打印提示信息
-e	输入时，使用命令补全功能
-n	指定输入文本的长度
-t	等待读取输入的时间

【例 7-10】创建 myName.sh 文件，通过提示"Please input your name："输入自己的姓名×××，并在屏幕上输出"Hello ×××, welcome to the gdcmxy!"。

```
[root@localhost ~]# vim myName.sh
#!/bin/bash
read -p "Please input your name:" name
echo   "Hello $name,welcome to the gdcmxy!"
[root@localhost ~]# sh myName.sh
Please input your name:zjh
Hello zjh, welcome to the gdcmxy!
```

7.2.5 条件测试

条件测试

test 命令用于测试某个条件是否成立。执行条件测试操作以后，通过预定义变量$?获取测试命令的返回状态，返回值为 0 表示条件成立，返回值为 1 表示条件不成立。

test 命令可简写为[]，其语法格式为[expression]。

注意：[]和表达式之间存在两个空格，这两个空格是必不可少的，否则会导致语法错误。

常见的测试类型有文件测试、整数值比较、字符串比较和逻辑测试。

1. 文件测试

文件测试主要用于判断文件或目录是否存在，以及判断文件是否具有相应的权限，其常用的选项及说明如表 7-4 所示。

表 7-4　文件测试常用的选项及说明

选项	说明
-d filename	判断文件是否存在，并且是否为目录
-f filename	判断文件是否存在，并且是否为文件
-r filename	判断文件是否存在，并且是否拥有读权限
-w filename	判断文件是否存在，并且是否拥有写权限
-x filename	判断文件是否存在，并且是否拥有执行权限

【例 7-11】使用 test 命令判断/root 目录是否存在。

```
[root@localhost ~]# test -d /root
[root@localhost ~]# echo $?
0
```

在本例中，echo $?语句用于查看上一条命令的返回值，此处得到的返回值为 0，表示/root 目录存在。

2. 整数值比较

整数值比较用于进行两个整数值之间的大小比较，其常用的选项及说明如表 7-5 所示。

表 7-5　整数值比较常用的选项及说明

选项	说明
num1 -eq num2	判断 num1 和 num2 是否相等
num1 -ne num2	判断 num1 和 num2 是否不相等
num1 -gt num2	判断 num1 是否大于 num2
num1 -lt num2	判断 num1 是否小于 num2
num1 -ge num2	判断 num1 是否大于或等于 num2
num1 -le num2	判断 num1 是否小于或等于 num2

【例 7-12】使用[]命令比较 110 和 111 是否相等。

```
[root@localhost ~]# [ 110 -eq 111 ]
[root@localhost ~]# echo $?
1
```

在本例中，echo $?语句用于查看上一条命令的返回值，此处得到的返回值为 1，表示 110 和 111 不相等。

3. 字符串比较

字符串比较用于判断两个字符串是否相等或字符串是否为空，其常用的选项及说明如表 7-6 所示。

表 7-6 字符串比较常用的选项及说明

选项	说明
-z str	判断字符串 str 是否为空
-n str	判断字符串 str 是否为非空
str1 = str2 str1 == str2	=和==是等价的，都用于判断字符串 str1 和字符串 str2 是否相等
str1 != str2	判断字符串 str1 和字符串 str2 是否不相等

【例 7-13】使用[]命令判断字符串 gdcmxy 和字符串 gdcmxy 是否相等。

```
[root@localhost ~]# [ "gdcmxy" = "gdcmxy" ]
[root@localhost ~]# echo $?
0
```

在本例中，echo $?语句用于查看上一条命令的返回值，此处得到的返回值为 0，表示两个字符串相等。

4. 逻辑测试

逻辑测试主要用于测试某个条件是否成立，如 test 表达式，若返回值为 0，则表示表达式为真。其常用的选项及说明如表 7-7 所示。

表 7-7 逻辑测试常用的选项及说明

选项	说明
expression1 -a expression2	逻辑与，表达式 1 和表达式 2 都为真，结果才为真（也可以使用&&符号表示）
expression1 -o expression2	逻辑或，表达式 1 和表达式 2 中有一个为真，结果就为真（也可以使用||符号表示）
! expression	逻辑非，对表达式进行取反

【例 7-14】使用[]命令判断/root 目录是否"不存在"。

```
[root@localhost ~]# [ ! -e /root/ ]
[root@localhost ~]# echo $?
1
```

在本例中，echo $?语句用于查看上一条命令的返回值，此处得到的返回值为 1，表示/root 目录存在。

7.2.6 流程控制语句

流程控制语句主要使用逻辑判断来控制流程，Shell 中的流程控制语句主要包括条件语句和循环语句两大类。

1. 条件语句

（1）if-else 条件语句。

if-else 条件语句可以对程序的两个分支进行流程控制，其流程图如图 7-3 所示。

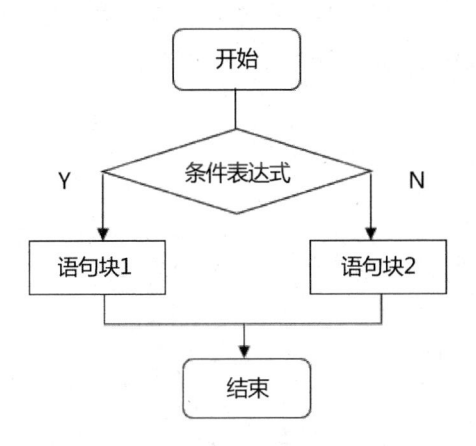

图 7-3　if-else 条件语句的流程图

该语句的语法格式如下：

```
if [ 条件表达式 ]
then
      命令序列 1
else
      命令序列 2
fi
```

【例 7-15】创建 maxTest.sh 文件，实现比较两个数的大小并输出最大值的功能。

```
[root@localhost ~]# vi maxTest.sh
#!/bin/bash
num1=6
num2=5
max=0
```

```
if [ $num1 -ge $num2 ]
then
     max=$num1
else
     max=$num2
fi
echo "max=$max"
[root@localhost ~]# sh maxTest.sh
max=6
```

（2）if-elif-else 条件语句。

if-elif-else 条件语句可以对程序的多个分支进行流程控制，相当于 if 语句嵌套，可针对多个条件执行不同的操作，其流程图如图 7-4 所示。

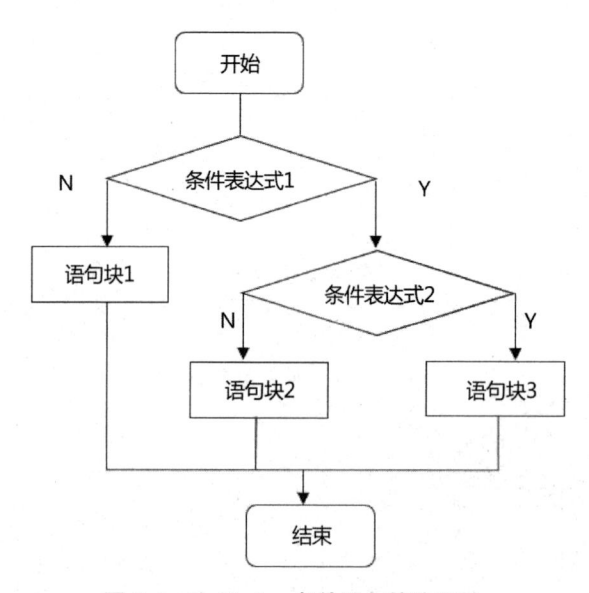

图 7-4　if-elif-else 条件语句的流程图

该语句的语法格式如下：

```
if [ 条件表达式 1 ]
then
     命令序列 1
elif [ 条件表达式 2 ]
     命令序列 2
elif ……
else
```

　　　　命令序列 n
　　fi

【例 7-16】 创建 scoreLevel.sh 文件，从键盘中输入成绩，判断成绩档次属于 A、B、C、D（优秀、良好、及格、不及格）中的哪一档。

```
[root@localhost ~]# vi scoreLevel.sh
#!/bin/bash
read -p "please intput your score（0~100）: " score
if [ $score -lt 60 ]
then
        echo "$score is D Level"
elif [ $score -le 75 ]
then
        echo "$score is C Level"
elif [ $score -le 85 ]
then
        echo "$score is B Level"
else
        echo "$score is A Level"
fi
[root@localhost ~]# sh scoreLevel.sh
please intput your score（0~100）: 90
90 is A Level
```

（3）case 条件语句。

case 条件语句同样可以很好地实现多分支的条件判断，尤其适用于需要频繁对同一个变量进行判断的情况。case 条件语句可以从众多分支中选择其中的一个分支来执行。该语句的语法格式如下：

```
case 变量 in
值 1）
        命令序列 1
        ;;
值 2）
        命令序列 2
        ;;
值 3）
```

```
        命令序列 3
        ;;
        ……
    *)
        默认的执行命令序列
        ;;
esac
```

注意：使用 case 语句需要注意以下 3 点。

① 首行关键字是 case，末行关键字是 esac（case 反过来写）。

② 选择项后面都有")"。

③ 每个分支语句结尾一般会有两个分号。

【例 7-17】 创建 caseTest.sh 文件，从键盘中输入一个 1~9 之间的正整数，并输出结果。

```
[root@localhost ~]# vi caseTest.sh
#!/bin/bash
read -p "请输入您的数字（1~9）:" num
case $num in
  1)
    echo "This number is 1"
    ;;
  2)
    echo "This number is 2"
    ;;
  [3-9])
    echo "This number is $num "
    ;;
  *)
    echo "请输入您的数字（1~9）: "
esac
[root@localhost ~]# sh caseTest.sh
请输入您的数字（1~9）: 6
This number is 6
```

2. 循环语句

（1）for 循环语句。

for 循环语句对一个变量赋值后，重复执行同一个命令序列。for 循环语句有以下两种

语法格式:

语法格式一	语法格式二
for 变量名 in {取值列表} do 　　命令序列 done	for ((初始值; 限制值; 执行步长)) do 　　命令序列 done

语法格式一需要注意以下 3 点。

① 取值列表指的是循环变量所能取到的值。

② do 和 done 之间的所有语句都称为循环体。

③ 循环执行的次数取决于取值列表中的元素个数,有几个元素就执行几次。

语法格式二需要注意以下 3 点。

① 初始值通常是条件变量的初始化语句。

② 限制值用来决定是否执行 for 循环。

③ 执行步长通常用来改变条件变量的值,如递增或递减。

【例 7-18】创建 forTest.sh 文件,使用 for 语句求 1+2+3+…+100 的计算结果,并将得到的结果输出。

```
[root@localhost ~]# vi forTest.sh
#/bin/bash
sum=0    #统计变量
for i in {1..100}
#也可以使用下面的语句
#for((i=1;i<=100;i++))
do
        sum=$(($sum+$i))
done
echo "1+2+…+100 的计算结果是$sum"
[root@localhost ~]#sh forTest.sh
1+2+…+100 的计算结果是 5050
```

(2) while 循环语句。

while 循环语句又称不定循环语句,其语法格式如下:

```
while  条件测试
do
     命令段
done
```

当"条件测试"成立时,执行命令段;当"条件测试"不成立时,跳出循环。使用该语句需要注意以下两个特殊情况。

① break:要跳过当前所在的循环体,执行循环体后面的语句。

② continue:如果需要跳过循环体内余下的语句,则应重新判断条件,以便执行下一次循环。

【例 7-19】 创建 whileTest.sh 文件,使用 while 语句求 1+2+3+…+100 的计算结果,并将得到的结果输出。

```
[root@localhost ~]# vim whileTest.sh
#/bin/bash
sum=0                    #统计变量
i=1                      #计数变量
while [ $i -le 100 ]     #判断计数变量是否小于或等于100
do
     sum=$(($sum+$i))
((i++))                  #计数变量递增
done
echo "1+2+…+100=$sum"
[root@localhost ~]#sh whileTest.sh
1+2+…+100=5050
```

自学自测

一、选择题

1. 以下 Shell 程序中,不合法(运行会报错)的是(   )。

   A. #!/bin/bash   B. #-/bin/bash

   C. !#/bin/bash   D. 以上答案都不正确

2. 重定向命令 ">>" 的作用是(   )。

   A. 将一个文件的内容复制到另一个文件中

   B. 将一个命令的输出作为另一个命令的输入

   C. 将一个文件的内容追加到另一个文件中

   D. 将一个文件的内容替换成另一个文件的内容

3. Shell 提供的管道命令是(   )。

   A. | B. ""   C. !   D. &

4. 下列 Shell 脚本语句中，计算结果为 3 的是（　　）。

  A．A=8 B=5 echo $"A-B   B．A=8 B=5 A=((A-B))

  C．A=8 B=5 echo $((A-B))   D．A=8 B=5 echo $(A-B)

5. 管理员在 openEuler 操作系统中定义了 NAME 和 HOME 两个变量，下列选项中可以正确地调用并输出该变量的值的是（　　）。

  A．echo "My best favorite NBA player is NAME"

  B．echo "My name is $NAME, and I come from $HOME"

  C．echo "My best favorite NBA player is $name"

  D．echo "My name is $name, and I come from $home"

6. 下列语句中，可以在 Shell 中输出 a+b 的结果（假设 a 和 b 已经被赋值）的是（　　）。

  A．echo ${a+b}   B．echo $(a+b)

  C．echo ${{a+b}}   D．echo $((a+b))

二、填空题

1．在 Linux 操作系统中输入命令"echo$((2>1))"后，系统的返回值为_____。

2．在 Linux 操作系统中，对变量 A 进行以下赋值：A=$((1+2**3-8%5))，则输入命令"echo$A"后，系统的返回值为_____。

3．管理员定义了一个变量 NUM，并为其赋值 3，在执行"echo $[NUM++]"命令后，系统的返回值为_____。

三、编程题

1．从键盘输入两个整数 num1 和 num2 后，将两个数值互换并输出结果。

2．使用 for 语句显示当前目录下的所有文件。

课中实训

任务 7.1　重定向命令和管道命令的应用

一、任务要求

（1）掌握重定向命令的应用。

（2）掌握管道命令的应用。

二、任务实施

（1）应用重定向命令，将使用 ls 命令生成的/tmp 目录的一个清单存放到当前目录下的 output.txt 文件中,并使用 cat 命令查看 output.txt 文件中的内容。

```
[root@localhost ~]# ls -l    /tmp > output.txt
[root@localhost ~]# cat output.txt
```

(2)应用重定向命令,将使用 ls 命令生成的/etc 目录的一个清单以追加的方式存放到当前目录下的 output.txt 文件中,并使用 cat 命令查看 output.txt 文件中的内容。

```
[root@localhost ~]# ls -l /etc >> output.txt
[root@localhost ~]# cat output.txt
```

(3)使用 wc 命令和重定向命令,统计/etc/passwd 文件的行数(wc -l 命令用于计算行数)。

```
[root@localhost ~]# wc -l < /etc/passwd
```

(4)使用重定向命令,将/etc/passwd 文件保存到当前目录下的 passwd.txt 文件中,并使用 cat 命令查看 passwd.txt 文件中的内容。

```
[root@localhost ~]#cat < /etc/passwd > passwd.txt
```

(5)使用管道命令,查看系统是否安装了 ssh 软件包。

```
[root@localhost ~]#rpm -qa | grep ssh
```

(6)使用 wc 命令和管道命令,统计/etc/passwd 文件的行数。

```
[root@localhost ~]#cat /etc/passwd | wc -l
```

(7)创建一个新用户 newUser,使用 echo 命令和管道命令,将用户 newUsesr 修改为"888888"。

```
[root@localhost ~]#useradd newUser
[root@localhost ~]#echo "888888" | passwd --stdin newUser
```

任务 7.2　Shell 编程的应用

一、任务要求

(1)学会使用 if 条件语句进行编程。
(2)学会使用 case 条件语句进行编程。
(3)学会使用 for 循环语句进行编程。
(4)学会使用 while 循环语句进行编程。

二、任务实施

1. 使用 if 条件语句进行编程

(1)创建 maxFile.sh 文件,实现从键盘输入 3 个整数后,输出最大值的功能。

```
[root@localhost ~]# vi maxFile.sh
#!/bin/bash
read -p "please input num1=" num1
read -p "please input num2=" num2
read -p "please input num3=" num3
max=0
if [ $num1 -gt $num2 ]
then
     max=$num1
else
     max=$num2
fi
if [ $max -gt $num3 ]
then
    max=$max
else
    max=$num3
fi
echo "max=$max"
[root@localhost ~]# sh maxFile.sh
please input num1=2
please input num2=5
please input num3=3
max=5
```

（2）请模拟 openEuler 操作系统的登录功能，即从键盘输入用户名和密码后，判断输入的用户名和密码是否与之前设定的用户名和密码相同（假设用户名为 root，密码为 123456）。如果相同，则输出"Login succeeded"，否则输出"Login failed"。

```
[root@localhost ~]# vi login.sh
#!/bin/bash
read -p "please input username=" username
read -p "please input password=" password
if [ $username = "root" ] && [ $password = "123456" ]
then
    echo "Login succeeded"
else
```

```
        echo "Login failed"
fi
[root@localhost ~]# sh login.sh
please input username=root
please input password=123456
Login succeeded
[root@localhost ~]# sh login.sh
please input username=root
please input password=123
Login failed
```

2. 使用 case 条件语句进行编程

请编写以下菜单，实现只要输入菜单的序号，就打印出相应的内容的功能。

```
####################################
    1. Network Engineer                              #网络工程师
    2. Cloud Operation and Maintenance Engineer      #云运维工程师
    3. Cloud Development Engineer                    #云开发工程师
    4. Cloud Product Sales Manager                   #云产品销售经理
Please select the position you like：                #请选择你喜欢的岗位
####################################
[root@localhost ~]# vi menu.sh
#!/bin/bash
echo "####################################"
echo " 1. Network Engineer "                               #网络工程师
echo " 2. Cloud Operation and Maintenance Engineer"        #云运维工程师
echo " 3. Cloud Development Engineer"                      #云开发工程师
echo " 4. Cloud Product Sales Manager"                     #云产品销售经理
echo "####################################"

read -p "Please select the position you like:" id
case $id in
  1)
    echo "Network Engineer"
    ;;
  2)
```

```
        echo "Cloud Operation and Maintenance Engineer"
        ;;
    3)
        echo "Cloud Development Engineer"
        ;;
    4)
        echo "Cloud Product Sales Manager"
        ;;
    *)
        echo "Please input number[1-4]"
esac
```

[root@localhost ~]# sh menu.sh
################################
 1. Network Engineer
 2. Cloud Operation and Maintenance Engineer
 3. Cloud Development Engineer
 4. Cloud Product Sales Manager
################################
Please select the position you like:4
Cloud Product Sales Manager

3. 使用 for 循环语句进行编程

批量创建 100 个用户名和密码，将用户名分别命名为 user1～user100，密码全部设置为 888888。

```
[root@localhost ~]# vi addUser.sh
#!/bin/bash
for i in {1..100}
do
    username="user$i"
    useradd $username
    echo "888888" | passwd --stdin "$username"
done
echo "All users created successfully!"
```

4. 使用 while 循环语句进行编程

批量删除上面创建的 100 个用户的基本信息，包括它们的家目录。

```
[root@localhost ~]# vim delUser.sh
#/bin/bash
i=1                        #计数变量
while [ $i -le 100 ]       #判断计数变量是否小于或等于 100
do
        username=user$i
        userdel -r $username
        ((i++))
done
echo "All users deleted successfully!"
[root@localhost ~]#sh delUser.sh
echo "All users deleted successfully!"
```

评价反馈

学生自评表

班级		姓名		学号	
项目七	Shell 编程应用				
评价项目	评价标准			分值	得分
重定向命令和管道命令的应用	完成重定向命令和管道命令的应用			40	
Shell 编程的应用	完成 Shell 编程的应用			60	
	合计			100	

教师评价表

班级		姓名		学号	
项目七	Shell 编程应用				
评价项目	评价标准			分值	得分
职业素养	无迟到早退，遵守纪律			10	
	能在团队协作过程中发挥引领作用			10	
	对任务中出现的问题具有探究精神，能解决问题并举一反三			10	
工作过程	能按计划实施工作任务			10	
工作质量	能按照要求，保质保量地完成工作任务			50	
工作态度	能认真预习、完成和复习工作任务			10	
	合计			100	

课后提升

一、定期监控系统资源数据

每隔 5 秒监控一次系统的 CPU 使用率和内存使用率这两个数据，并将其显示出来，共循环 10 次。

（1）获取系统的 CPU 使用率信息。

```
[root@localhost ~]# top -bn1 | grep "Cpu(s)" | awk '{print $2 + $4}'
```

（2）获取系统的内存使用率信息。

```
[root@localhost ~]# free | grep Mem | awk '{print $3/$2 * 100.0}'
```

（3）创建 monitor.sh 文件，并输入以下代码：

```
[root@localhost ~]#vi monitor.sh
```

输入以下代码：

```bash
#!/bin/bash
# 创建监控时间变量，设置间隔值为 5 秒
interval=5
# 创建循环次数 10 次
max_loops=10
# 监控 CPU 和内存的使用情况
for ((i=1; i<=$max_loops; i++))
do
    timestamp=$(date +%H:%M:%S)
    # 获取 CPU 使用率
    cpu_usage=$(top -bn1 | grep "Cpu(s)" | awk '{print $2 + $4}')
    # 获取内存使用率
    mem_usage=$(free | grep Mem | awk '{print $3/$2 * 100.0}')
    echo "[$timestamp]: CPU 使用率:$cpu_usage%    内存使用率:$mem_usage%"
    sleep $interval
done
```

二、定期监控网络连接信息

每隔 5 秒监控一次 HTTP 服务网络连接信息、HTTP 服务监听状态的连接数量，以及 HTTP 服务建立连接的数量。

（1）获取 HTTP 服务网络连接信息。

```
[root@localhost ~]#netstat -an | grep :80
```

（2）统计 HTTP 服务监听状态的连接数量。

[root@localhost ~]# echo netstat -an | grep :80 | grep "LISTEN" | wc -l

（3）统计 HTTP 服务建立连接的数量。

[root@localhost ~]# echo netstat -an | grep :80 | grep "ESTABLISHED" | wc -l

（4）创建 netstat.sh 文件，并输入以下代码：

[root@localhost ~]#vi netstat.sh

输入以下代码：

```bash
#!/bin/bash
# 循环执行 netstat 和 grep 命令
while true
do
    # 获取 HTTP 服务网络连接信息
    http_connections =$(netstat -an | grep :80)
    # 统计 HTTP 服务监听状态的连接数量
    listen_connections=$(echo "$http_connections" | grep "LISTEN" | wc -l)
    # 统计 HTTP 服务建立连接的数量
    established_connections=$(echo "$http_connections" | grep "ESTABLISHED" | wc -l)
    # 统计 HTTP 服务连接的总数
    total_connections=$(echo "$http_connections" | wc -l)
    # 输出统计信息
    echo "http_connections in listen state: $listen_connections"
    echo "http_connections in established state: $established_connections"
    echo "total_http_connections: $total_connections"
    # 等待 5s
    sleep 5
done
```

for 循环语句的应用